华章IT | HZBOOKS | Information Technology

大数据技术丛书

Learning Spark Step By Step

循序渐进学Spark

小象学院 杨磊◎著

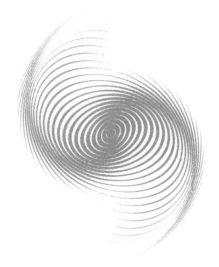

机械工业出版社
China Machine Press

图书在版编目（CIP）数据

循序渐进学 Spark / 杨磊著 . —北京：机械工业出版社，2017.3（2017.11 重印）
（大数据技术丛书）

ISBN 978-7-111-56332-7

I. 循… II. 杨… III. 数据处理软件 IV. TP274

中国版本图书馆 CIP 数据核字（2017）第 050735 号

循序渐进学 Spark

出版发行：机械工业出版社（北京市西城区百万庄大街 22 号 邮政编码：100037）	
责任编辑：何欣阳	责任校对：李秋荣
印　　刷：北京诚信伟业印刷有限公司	版　　次：2017 年 11 月第 1 版第 2 次印刷
开　　本：186mm×240mm　1/16	印　　张：15.75
书　　号：ISBN 978-7-111-56332-7	定　　价：59.00 元

凡购本书，如有缺页、倒页、脱页，由本社发行部调换
客服热线：（010）88379426　88361066　　　投稿热线：（010）88379604
购书热线：（010）68326294　88379649　68995259　　　读者信箱：hzit@hzbook.com

版权所有·侵权必究
封底无防伪标均为盗版
本书法律顾问：北京大成律师事务所　韩光 / 邹晓东

Preface 前 言

Spark 诞生于美国加州大学伯克利分校 AMP 实验室。随着大数据技术在互联网、金融等领域的突破式进展，Spark 在近些年得到更为广泛的应用。这是一个核心贡献者超过一半为华人的大数据平台开源项目，且正处于飞速发展、快速成熟的阶段。

为什么写这本书

Spark 已经成为大数据计算、分析领域新的热点和发展方向。相对于 Hadoop 传统的 MapReduce 计算模型，Spark 提供更为高效的计算框架以及更为丰富的功能，因此在大数据生产应用领域中不断攻城略地，势如破竹。

与企业不断涌现的对大数据技术的需求相比，大数据人才还存在很大缺口，对大数据技术充满期许的新人正在源源不断地加入这个领域。在小象学院的教学实践过程中，我们发现，一本能完整系统地介绍 Spark 各模块原理并兼顾使用实战的书，对于初入大数据领域的技术人员至关重要。于是，我们根据日常积累的经验，著成本书。

Spark 作为一个高速发展的开源项目，最近也发布了全新的 Spark 2.0 版本。对于 Spark 2.0 版本的新特性，我们也专门给予描述，以期将最前沿的 Spark 技术奉献给读者。

本书面向的读者

- Spark 初学者
- Spark 应用开发人员

- ❑ Spark 运维人员
- ❑ 大数据技术爱好者

如何阅读本书

本书共分 8 章：

第 1 章介绍了 Spark 大数据处理框架的基本概念、主要组成部分、基本架构，以及 Spark 集群环境搭建和 Spark 开发环境的构建方法。

第 2 章引入 Spark 编程中的核心——RDD 弹性分布式数据集，以典型的编程范例，讲解基于 RDD 的算子操作。

第 3 章主要讲述了 Spark 的工作机制与原理，剖析了 Spark 的提交和执行时的具体机制，重点强调了 Spark 程序的宏观执行过程。此外，更深入地剖析了 Spark 的存储及 IO、通信机制、容错机制和 Shuffle 机制。

第 4 章对 Spark 的代码布局做了宏观介绍，并对 Spark 的执行主线进行详细剖析，从代码层面详细讲述 RDD 是如何落地到 Worker 上执行的。同时，本章从另一个角度分析了 Client、Master 与 Worker 之间的交互过程，深入讲述了 Spark 的两个重要功能点及 Spark Shuffle 与 Spark 存储机制。

第 5 章介绍了 YARN 的基本原理及基于 YARN 的 Spark 程序提交，并结合从程序提交到落地执行的过程，详细介绍了各个阶段的资源管理和调度职能。在本章的后半部分，主要从资源配置的角度对 YARN 及基于 YARN 的 Spark 做了较为详细的介绍。

第 6 章一一讲解了 BDAS 中的主要模块。由 Spark SQL 开始，介绍了 Spark SQL 及其编程模型和 DataFrame。接着深入讲解 Spark 生态中用于流式计算的模块 Spark Streaming。之后，讲解了 Spark R 的基本概念及操作。最后针对机器学习的流行趋势，重点介绍了 Spark MLlib 的架构及编程应用，以及机器学习的基本概念和基本算法。

第 7 章首先详细叙述了 Spark 调优的几个重要方面，接着给出了工业实践中常见的一些问题，以及解决问题的常用策略，最后启发读者在此基础上进一步思考和探索。

第 8 章描述了 Spark 2.0.0 发布之后，Spark Core、Spark SQL、MLlib、Spark Streaming、Spark R 等模块 API 的变化以及新增的功能特性等。对于变化较大的 Spark SQL，书中用实际的代码样例更详细地说明和讲解了 SparkSession、结构化 Streaming 等新特性。

对于 Spark 的初学者或希望从零开始详细了解 Spark 技术的读者，请从第 1 章开始通读全书；对于有一定 Spark 基础的研究者，可从第 4 章开始阅读；如果只想了解 Spark 最基本的原理，阅读第 1～3 章即可。

资源和勘误

本书大量资源来源于小象学院专家团队在大数据项目开发以及 Spark 教学课程中的经验积累。本书内容的撰写也参考了大量官方文档（http://spark.apache.org/）。

由于 Spark 技术正在飞速发展，加之笔者水平有限，书中难免存在谬误，也可能存在若干技术细节描述不详尽之处，恳请读者批评指正。欢迎大家关注微信服务号"小象学院"，把您的意见或者建议反馈给我们。

致谢

首先应该感谢 Apache Spark 的开源贡献者们，Spark 是当今大数据领域伟大的开源项目之一，没有这一开源项目，便没有本书。

本书以小象学院 git 项目方式管理。感谢姜冰钰、陈超、冼茂源等每一位内容贡献者，感谢他们花费大量时间，将自己对 Spark 的理解加上在实际工作、学习过程中的体会，融汇成丰富的内容。

感谢本书的审阅者樊明璐、杨福川、李艺，他们对本书的内容和结构提供了非常宝贵的意见。

目录 Contents

前言

第1章 Spark架构与集群环境 1

1.1 Spark 概述与架构 1
    1.1.1 Spark 概述 2
    1.1.2 Spark 生态 3
    1.1.3 Spark 架构 5

1.2 在 Linux 集群上部署 Spark 8
    1.2.1 安装 OpenJDK 9
    1.2.2 安装 Scala 9
    1.2.3 配置 SSH 免密码登录 10
    1.2.4 Hadoop 的安装配置 10
    1.2.5 Spark 的安装部署 13
    1.2.6 Hadoop 与 Spark 的
            集群复制 14

1.3 Spark 集群试运行 15
1.4 Intellij IDEA 的安装与配置 17
    1.4.1 Intellij 的安装 17
    1.4.2 Intellij 的配置 17
1.5 Eclipse IDE 的安装与配置 18
1.6 使用 Spark Shell 开发运行
    Spark 程序 19
1.7 本章小结 20

第2章 Spark 编程模型 21

2.1 RDD 弹性分布式数据集 21
    2.1.1 RDD 简介 22
    2.1.2 深入理解 RDD 22
    2.1.3 RDD 特性总结 24
2.2 Spark 程序模型 25
2.3 Spark 算子 26
    2.3.1 算子简介 26
    2.3.2 Value 型 Transmation 算子 ... 27
    2.3.3 Key-Value 型 Transmation
            算子 32
    2.3.4 Action 算子 34
2.4 本章小结 37

第3章 Spark 机制原理 38

3.1 Spark 应用执行机制分析 38
    3.1.1 Spark 应用的基本概念 38
    3.1.2 Spark 应用执行机制概要 ... 39

3.1.3 应用提交与执行 41
3.2 Spark 调度机制 42
  3.2.1 Application 的调度 42
  3.2.2 job 的调度 43
  3.2.3 stage（调度阶段）和 TasksetManager 的调度 46
  3.2.4 task 的调度 50
3.3 Spark 存储与 I/O 52
  3.3.1 Spark 存储系统概览 52
  3.3.2 BlockManager 中的通信 ... 54
3.4 Spark 通信机制 54
  3.4.1 分布式通信方式 54
  3.4.2 通信框架 AKKA 56
  3.4.3 Client、Master 和 Worker 之间的通信 57
3.5 容错机制及依赖 65
  3.5.1 Lineage（血统）机制 66
  3.5.2 Checkpoint（检查点）机制 68
3.6 Shuffle 机制 70
  3.6.1 什么是 Shuffle 70
  3.6.2 Shuffle 历史及细节 72
3.7 本章小结 78

第4章 深入Spark内核 79

4.1 Spark 代码布局 79
  4.1.1 Spark 源码布局简介 79
  4.1.2 Spark Core 内模块概述 ... 80
  4.1.3 Spark Core 外模块概述 ... 80

4.2 Spark 执行主线 [RDD → Task] 剖析 80
  4.2.1 从 RDD 到 DAGScheduler ... 81
  4.2.2 从 DAGScheduler 到 TaskScheduler 82
  4.2.3 从 TaskScheduler 到 Worker 节点 88
4.3 Client、Master 和 Worker 交互过程剖析 89
  4.3.1 交互流程概览 89
  4.3.2 交互过程调用 90
4.4 Shuffle 触发 96
  4.4.1 触发 Shuffle Write 96
  4.4.2 触发 Shuffle Read 98
4.5 Spark 存储策略 100
  4.5.1 CacheManager 职能 101
  4.5.2 BlockManager 职能 105
  4.5.3 DiskStore 与 DiskBlockManager 类 113
  4.5.4 MemoryStore 类 114
4.6 本章小结 117

第5章 Spark on YARN 118

5.1 YARN 概述 118
5.2 Spark on YARN 的部署模式 ... 121
5.3 Spark on YARN 的配置重点 ... 125
  5.3.1 YARN 的自身内存配置 ... 126
  5.3.2 Spark on YARN 的重要配置 127
5.4 本章小结 128

第6章　BDAS 生态主要模块　129
- 6.1　Spark SQL　129
  - 6.1.1　Spark SQL 概述　130
  - 6.1.2　Spark SQL 的架构分析　132
  - 6.1.3　Spark SQL 如何使用　135
- 6.2　Spark Streaming　140
  - 6.2.1　Spark Streaming 概述　140
  - 6.2.2　Spark Streaming 的架构分析　143
  - 6.2.3　Spark Streaming 编程模型　145
  - 6.2.4　数据源 Data Source　147
  - 6.2.5　DStream 操作　149
- 6.3　SparkR　154
  - 6.3.1　R 语言概述　154
  - 6.3.2　SparkR 简介　155
  - 6.3.3　DataFrame 创建　156
  - 6.3.4　DataFrame 操作　158
- 6.4　MLlib on Spark　162
  - 6.4.1　机器学习概述　162
  - 6.4.2　机器学习的研究方向与问题　164
  - 6.4.3　机器学习的常见算法　167
  - 6.4.4　MLlib 概述　210
  - 6.4.5　MLlib 架构　212
  - 6.4.6　MLlib 使用实例——电影推荐　214
- 6.5　本章小结　220

第7章　Spark调优　221
- 7.1　参数配置　221
- 7.2　调优技巧　223
  - 7.2.1　序列化优化　223
  - 7.2.2　内存优化　224
  - 7.2.3　数据本地化　228
  - 7.2.4　其他优化考虑　229
- 7.3　实践中常见调优问题及思考　230
- 7.4　本章小结　231

第8章　Spark 2.0.0　232
- 8.1　功能变化　232
  - 8.1.1　删除的功能　232
  - 8.1.2　Spark 中发生变化的行为　233
  - 8.1.3　不再建议使用的功能　233
- 8.2　Core 以及 Spark SQL 的改变　234
  - 8.2.1　编程 API　234
  - 8.2.2　多说些关于 SparkSession　234
  - 8.2.3　SQL　236
- 8.3　MLlib　237
  - 8.3.1　新功能　237
  - 8.3.2　速度 / 扩展性　237
- 8.4　SparkR　238
- 8.5　Streaming　238
  - 8.5.1　初识结构化 Streaming　238
  - 8.5.2　结构化 Streaming 编程模型　239
  - 8.5.3　结果输出　240
- 8.6　依赖、打包　242
- 8.7　本章小结　242

第 1 章　Spark 架构与集群环境

本章首先介绍 Spark 大数据处理框架的基本概念，然后介绍 Spark 生态系统的主要组成部分，包括 Spark SQL、Spark Streaming、MLlib 和 GraphX，接着简要描述了 Spark 的架构，便于读者认识和把握，最后描述了 Spark 集群环境搭建及 Spark 开发环境的构建方法。

1.1　Spark 概述与架构

随着互联网规模的爆发式增长，不断增加的数据量要求应用程序能够延伸到更大的集群中去计算。与单台机器计算不同，集群计算引发了几个关键问题，如集群计算资源的共享、单点宕机、节点执行缓慢及程序的并行化。针对这几个集群环境的问题，许多大数据处理框架应运而生。比如 Google 的 MapReduce，它提出了简单、通用并具有自动容错功能的批处理计算模型。但是 MapReduce 对于某些类型的计算并不适合，比如交互式和流式计算。基于这种类型需求的不一致性，大量不同于 MapReduce 的专门数据处理模型诞生了，如 GraphLab、Impala、Storm 等。大量数据模型的产生，引发的后果是对于大数据处理而言，针对不同类型的计算，通常需要一系列不同的处理框架才能完成。这些不同的处理框架由于天生的差异又带来了一系列问题：重复计算、使用范围的局限性、资源分配、统一管理，等等。

1.1.1 Spark 概述

为了解决上述 MapReduce 及各种处理框架所带来的问题，加州大学伯克利分校推出了 Spark 统一大数据处理框架。Spark 是一种与 Hadoop MapReduce 类似的开源集群大数据计算分析框架。Spark 基于内存计算，整合了内存计算的单元，所以相对于 hadoop 的集群处理方法，Spark 在性能方面更具优势。Spark 启用了弹性内存分布式数据集，除了能够提供交互式查询外，还可以优化迭代工作负载。

从另一角度来看，Spark 可以看作 MapReduce 的一种扩展。MapReduce 之所以不擅长迭代式、交互式和流式的计算工作，主要因为它缺乏在计算的各个阶段进行有效的资源共享，针对这一点，Spark 创造性地引入了 RDD（弹性分布式数据集）来解决这个问题。RDD 的重要特性之一就是资源共享。

Spark 基于内存计算，提高了大数据处理的实时性，同时兼具高容错性和可伸缩性，更重要的是，Spark 可以部署在大量廉价的硬件之上，形成集群。

提到 Spark 的优势就不得不提到大家熟知的 Hadoop。事实上，Hadoop 主要解决了两件事情：

1）数据的可靠存储。
2）数据的分析处理。

相应地，Hadoop 也主要包括两个核心部分：

1）分布式文件系统（Hadoop Distributed File System，HDFS）：在集群上提供高可靠的文件存储，通过将文件块保存多个副本的办法解决服务器或硬盘故障的问题。

2）计算框架 MapReduce：通过简单的 Mapper 和 Reducer 的抽象提供一个编程模型，可以在一个由几十台，甚至上百台机器组成的不可靠集群上并发地、分布式地处理大量的数据集，而把并发、分布式（如机器间通信）和故障恢复等计算细节隐藏起来。

Spark 是 MapReduce 的一种更优的替代方案，可以兼容 HDFS 等分布式存储层，也可以兼容现有的 Hadoop 生态系统，同时弥补 MapReduce 的不足。

与 Hadoop MapReduce 相比，Spark 的优势如下：

- 中间结果：基于 MapReduce 的计算引擎通常将中间结果输出到磁盘上，以达到存储和容错的目的。由于任务管道承接的缘故，一切查询操作都会产生很多串联的 Stage，这些 Stage 输出的中间结果存储于 HDFS。而 Spark 将执行操作抽象为通用的有向无环图（DAG），可以将多个 Stage 的任务串联或者并行执行，而无须将 Stage 中间结果输出到 HDFS 中。

- 执行策略：MapReduce 在数据 Shuffle 之前，需要花费大量时间来排序，而 Spark 不需要对所有情景都进行排序。由于采用了 DAG 的执行计划，每一次输出的中间结果都可以缓存在内存中。
- 任务调度的开销：MapReduce 系统是为了处理长达数小时的批量作业而设计的，在某些极端情况下，提交任务的延迟非常高。而 Spark 采用了事件驱动的类库 AKKA 来启动任务，通过线程池复用线程来避免线程启动及切换产生的开销。
- 更好的容错性：RDD 之间维护了血缘关系（lineage），一旦某个 RDD 失败了，就能通过父 RDD 自动重建，保证了容错性。
- 高速：基于内存的 Spark 计算速度大约是基于磁盘的 Hadoop MapReduce 的 100 倍。
- 易用：相同的应用程序代码量一般比 Hadoop MapReduce 少 50%～80%。
- 提供了丰富的 API：与此同时，Spark 支持多语言编程，如 Scala、Python 及 Java，便于开发者在自己熟悉的环境下工作。Spark 自带了 80 多个算子，同时允许在 Spark Shell 环境下进行交互式计算，开发者可以像书写单机程序一样开发分布式程序，轻松利用 Spark 搭建大数据内存计算平台，并利用内存计算特性，实时处理海量数据。

1.1.2 Spark 生态

Spark 大数据计算平台包含许多子模块，构成了整个 Spark 的生态系统，其中 Spark 为核心。

伯克利将整个 Spark 的生态系统称为伯克利数据分析栈（BDAS），其结构如图 1-1 所示。

以下简要介绍 BDAS 的各个组成部分。

1. Spark Core

Spark Core 是整个 BDAS 的核心组件，是一种大数据分布式处理框架，不仅实现了 MapReduce 的算子 map 函数和 reduce 函数及计算模型，还提供如 filter、join、groupByKey 等更丰富的算子。Spark 将分布式数据抽象为弹性分布式数据集（RDD），实现了应用任务调度、RPC、序列化和压缩，并为运行在其上的上层组件提供 API。其底层采用 Scala 函数式语言书写而成，并且深度借鉴 Scala 函数式的编程思想，提供与 Scala

类似的编程接口。

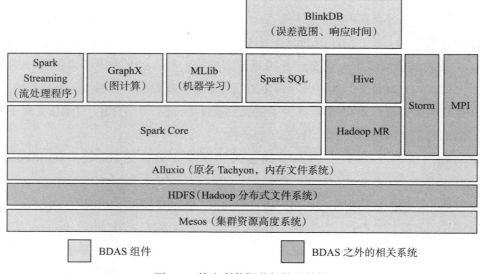

图1-1 伯克利数据分析栈的结构

2. Mesos

Mesos 是 Apache 下的开源分布式资源管理框架，被称为分布式系统的内核，提供了类似 YARN 的功能，实现了高效的资源任务调度。

3. Spark Streaming

Spark Streaming 是一种构建在 Spark 上的实时计算框架，它扩展了 Spark 处理大规模流式数据的能力。其吞吐量能够超越现有主流流处理框架 Storm，并提供丰富的 API 用于流数据计算。

4. MLlib

MLlib 是 Spark 对常用的机器学习算法的实现库，同时包括相关的测试和数据生成器。MLlib 目前支持 4 种常见的机器学习问题：二元分类、回归、聚类以及协同过滤，还包括一个底层的梯度下降优化基础算法。

5. GraphX

GraphX 是 Spark 中用于图和图并行计算的 API，可以认为是 GraphLab 和 Pregel 在 Spark (Scala) 上的重写及优化，与其他分布式图计算框架相比，GraphX 最大的贡献是，在 Spark 上提供一栈式数据解决方案，可以方便、高效地完成图计算的一整套流水作业。

6. Spark SQL

Shark 是构建在 Spark 和 Hive 基础之上的数据仓库。它提供了能够查询 Hive 中所存储数据的一套 SQL 接口，兼容现有的 Hive QL 语法。熟悉 Hive QL 或者 SQL 的用户可以基于 Shark 进行快速的 Ad-Hoc、Reporting 等类型的 SQL 查询。由于其底层计算采用了 Spark，性能比 Mapreduce 的 Hive 普遍快 2 倍以上，当数据全部存储在内存时，要快 10 倍以上。2014 年 7 月 1 日，Spark 社区推出了 Spark SQL，重新实现了 SQL 解析等原来 Hive 完成的工作，Spark SQL 在功能上全覆盖了原有的 Shark，且具备更优秀的性能。

7. Alluxio

Alluxio（原名 Tachyon）是一个分布式内存文件系统，可以理解为内存中的 HDFS。为了提供更高的性能，将数据存储剥离 Java Heap。用户可以基于 Alluxio 实现 RDD 或者文件的跨应用共享，并提供高容错机制，保证数据的可靠性。

8. BlinkDB

BlinkDB 是一个用于在海量数据上进行交互式 SQL 的近似查询引擎。它允许用户在查询准确性和查询响应时间之间做出权衡，执行相似查询。

1.1.3 Spark 架构

传统的单机系统，虽然可以多核共享内存、磁盘等资源，但是当计算与存储能力无法满足大规模数据处理的需要时，面对自身 CPU 与存储无法扩展的先天限制，单机系统就力不从心了。

1. 分布式系统的架构

所谓的分布式系统，即为在网络互连的多个计算单元执行任务的软硬件系统，一般包括分布式操作系统、分布式数据库系统、分布式应用程序等。本书介绍的 Spark 分布式计算框架，可以看作分布式软件系统的组成部分，基于 Spark，开发者可以编写分布式计算程序。

直观来看，大规模分布式系统由许多计算单元构成，每个计算单元之间松耦合。同时，每个计算单元都包含自己的 CPU、内存、总线及硬盘等私有计算资源。这种分布式结构的最大特点在于不共享资源，与此同时，计算节点可以无限制扩展，计算能力和存储能力也因而得到巨大增长。但是由于分布式架构在资源共享方面的先天缺陷，开发者在书写和优化程序时应引起注意。分布式系统架构如图 1-2 所示。

为了减少网络 I/O 开销，分布式计算的一个核心原则是数据应该尽量做到本地计算。在计算过程中，每个计算单元之间需要传输信息，因此在信息传输较少时，分布式系统可以利用资源无限扩展的优势达到高效率，这也是分布式系统的优势。目前分布式系统在数据挖掘和决策支持等方面有着广泛的应用。

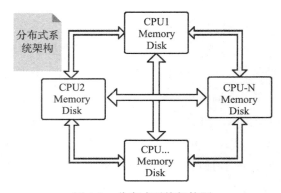

图 1-2　分布式系统架构图

Spark 正是基于这种分布式并行架构而产生，也可以利用分布式架构的优势，根据需要，对计算能力和存储能力进行扩展，以应对处理海量数据带来的挑战。同时，Spark 的快速及容错等特性，让数据处理分析显得游刃有余。

2. Spark 架构

Spark 架构采用了分布式计算中的 Master-Slave 模型。集群中运行 Master 进程的节点称为 Master，同样，集群中含有 Worker 进程的节点为 Slave。Master 负责控制整个集群的运行；Worker 节点相当于分布式系统中的计算节点，它接收 Master 节点指令并返回计算进程到 Master；Executor 负责任务的执行；Client 是用户提交应用的客户端；Driver 负责协调提交后的分布式应用。具体架构如图 1-3 所示。

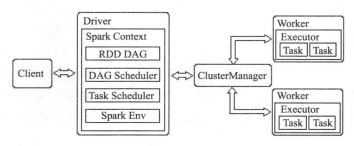

图 1-3　Spark 架构

在 Spark 应用的执行过程中，Driver 和 Worker 是相互对应的。Driver 是应用逻辑执行的起点，负责 Task 任务的分发和调度；Worker 负责管理计算节点并创建 Executor 来并行处理 Task 任务。Task 执行过程中所需的文件和包由 Driver 序列化后传输给对应的 Worker 节点，Executor 对相应分区的任务进行处理。

下面介绍 Spark 架构中的组件。

1）Client：提交应用的客户端。

2）Driver：执行 Application 中的 main 函数并创建 SparkContext。

3）ClusterManager：在 YARN 模式中为资源管理器。在 Standalone 模式中为 Master（主节点），控制整个集群。

4）Worker：从节点，负责控制计算节点。启动 Executor 或 Driver，在 YARN 模式中为 NodeManager。

5）Executor：在计算节点上执行任务的组件。

6）SparkContext：应用的上下文，控制应用的生命周期。

7）RDD：弹性分布式数据集，Spark 的基本计算单元，一组 RDD 可形成有向无环图。

8）DAG Scheduler：根据应用构建基于 Stage 的 DAG，并将 Stage 提交给 Task Scheduler。

9）Task Scheduler：将 Task 分发给 Executor 执行。

10）SparkEnv：线程级别的上下文，存储运行时重要组件的应用，具体如下：

① SparkConf：存储配置信息。

② BroadcastManager：负责广播变量的控制及元信息的存储。

③ BlockManager：负责 Block 的管理、创建和查找。

④ MetricsSystem：监控运行时的性能指标。

⑤ MapOutputTracker：负责 shuffle 元信息的存储。

Spark 架构揭示了 Spark 的具体流程如下：

1）用户在 Client 提交了应用。

2）Master 找到 Worker，并启动 Driver。

3）Driver 向资源管理器（YARN 模式）或者 Master（Standalone 模式）申请资源，并将应用转化为 RDD Graph。

4）DAG Scheduler 将 RDD Graph 转化为 Stage 的有向无环图提交给 Task Scheduler。

5）Task Scheduler 提交任务给 Executor 执行。

3. Spark 运行逻辑

下面举例说明 Spark 的运行逻辑，如图 1-4 所示，在 Action 算子被触发之后，所有累积的算子会形成一个有向无环图 DAG。Spark 会根据 RDD 之间不同的依赖关系形成 Stage，每个 Stage 都包含一系列函数执行流水线。图 1-4 中 A、B、C、D、E、F 为不同的 RDD，RDD 内的方框为 RDD 的分区。

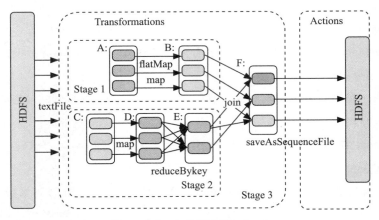

图 1-4　Spark 执行 RDD Graph

图 1-4 中的运行逻辑如下：

1）数据从 HDFS 输入 Spark。

2）RDD A、RDD C 经过 flatMap 与 Map 操作后，分别转换为 RDD B 和 RDD D。

3）RDD D 经过 reduceByKey 操作转换为 RDD E。

4）RDD B 与 RDD E 进行 join 操作转换为 RDD F。

5）RDD F 通过函数 saveAsSequenceFile 输出保存到 HDFS 中。

1.2　在 Linux 集群上部署 Spark

Spark 安装部署比较简单，用户可以登录其官方网站（http://spark.apache.org/downloads.html）下载 Spark 最新版本或历史版本，也可以查阅 Spark 相关文档作为参考。本书开始写作时，Spark 刚刚发布 1.5.0 版，因此本章所述的环境搭建均以 Spark 1.5.0 版为例。

Spark 使用了 Hadoop 的 HDFS 作为持久化存储层，因此安装 Spark 时，应先安装与 Spark 版本相兼容的 Hadoop。

本节以阿里云 Linux 主机为例，描述集群环境及 Spark 开发环境的搭建过程。

Spark 计算框架以 Scala 语言开发，因此部署 Spark 首先需要安装 Scala 及 JDK

（Spark1.5.0 需要 JDK1.7.0 或更高版本）。另外，Spark 计算框架基于持久化层，如 Hadoop HDFS，因此本章也会简述 Hadoop 的安装配置。

1.2.1 安装 OpenJDK

Spark1.5.0 要求 OpenJDK1.7.0 或更高版本。以本机 Linux X86 机器为例，OpenJDK 的安装步骤如下所示：

1）查询服务器上可用的 JDK 版本。在终端输入如下命令：

```
yum list "*JDK*"
```

yum 会列出服务器上的 JDK 版本。

2）安装 JDK。在终端输入如下命令：

```
yum install java-1.7.0-openjdk-devel.x86
cd /usr/lib/jvm
ln -s java-1.7.0-openjdk.x86 java-1.7
```

3）JDK 环境配置。

① 用编辑器打开 /etc/profile 文件，加入如下内容：

```
export JAVA_HOME=/usr/lib/jvm/java-1.7
export PATH=$PATH:$JAVA_HOME/bin:$JAVA_HOME/jre/bin
```

关闭并保存 profile 文件。

② 输入命令 `source /etc/profile` 让配置生效。

1.2.2 安装 Scala

登录 Scala 官网（http://www.scala-lang.org/download/）下载最新版本：scala-2.11.7.tgz

1）安装。

```
tar zxvf scala-2.11.7.tgz -C /usr/local
cd /usr/local
ln -s scala-2.11.7 scala
```

2）配置：打开 /etc/profile，加入如下语句：

```
export SCALA_HOME=/usr/local/scala
export PATH=$PATH:$SCALA_HOME/bin
```

1.2.3 配置 SSH 免密码登录

在分布式系统中，如 Hadoop 与 Spark，通常使用 SSH（安全协议，Secure Shell）服务来启动 Slave 节点上的程序，当节点数量比较大时，频繁地输入密码进行身份认证是一项非常艰难的体验。为了简化这个问题，可以使用"公私钥"认证的方式来达到 SSH 免密码登录。

首先在 Master 节点上创建一对公私钥（公钥文件：~/.ssh/id_rsa.pub；私钥文件：~/.ssh/id_rsa），然后把公钥拷贝到 Worker 节点上（~/.ssh/authorized_keys）。二者交互步骤如下：

1）Master 通过 SSH 连接 Worker 时，Worker 生成一个随机数然后用公钥加密后，发回给 Master。

2）Master 收到加密数后，用私钥解密，并将解密数回传给 Worker。

3）Worker 确认解密数正确之后，允许 Master 连接。

如果配置好 SSH 免密码登录之后，在以上交互中就无须用户输入密码了。下面介绍安装与配置过程。

1）安装 SSH：`yum install ssh`

2）生成公私钥对：`ssh-keygen -t rsa`

一直按回车键，不需要输入。执行完成后会在 ~/.ssh 目录下看到已生成 id_rsa.pub 与 id_rsa 两个密钥文件。其中 id_rsa.pub 为公钥。

3）拷贝公钥到 Worker 机器：`scp ~/.ssh/id_rsa.pub <用户名>@<worker 机器 ip>:~/.ssh`

4）在 Worker 节点上，将公钥文件重命名为 authorized_keys：`mv id_rsa.pub authorized_keys`。类似地，在所有 Worker 节点上都可以配置 SSH 免密码登录。

1.2.4 Hadoop 的安装配置

登录 Hadoop 官网（http://hadoop.apache.org/releases.html）下载 Hadoop 2.6.0 安装包 hadoop-2.6.0.tar.gz。然后解压至本地指定目录。

```
tar zxvf hadoop-2.6.0.tar.gz -C /usr/local
ln -s hadoop-2.6.0 hadoop
```

下面讲解 Hadoop 的配置。

1)打开 /etc/profile,末尾加入:

```
export HADOOP_INSTALL=/usr/local/hadoop
export PATH=$PATH:$HADOOP_INSTALL/bin
export PATH=$PATH:$HADOOP_INSTALL/sbin
export HADOOP_MAPRED_HOME=$HADOOP_INSTALL
export HADOOP_COMMON_HOME=$HADOOP_INSTALL
export HADOOP_HDFS_HOME=$HADOOP_INSTALL
export YARN_HOME=$HADOOP_INSTALL
```

执行 __source /etc/profile__ 使其生效,然后进入 Hadoop 配置目录 :/usr/local/hadoop/etc/hadoop,配置 Hadoop。

2)配置 hadoop_env.sh。

```
export JAVA_HOME=/usr/lib/jvm/java-1.7
```

3)配置 core-site.xml。

```
<property>
    <name>fs.defaultFS</name>
    <value>hdfs://Master:9000</value>
</property>
<property>
    <name>hadoop.tmp.dir</name>
    <value>file:/root/bigdata/tmp</value>
</property>
<property>
    <name>io.file.buffer.size</name>
    <value>131702</value>
</property>
```

4)配置 yarn-site.xml。

```
<property>
    <name>yarn.nodemanager.aux-services</name>
    <value>mapreduce_shuffle</value>
</property>
<property>
    <name>yarn.nodemanager.auxservices.mapreduce.shuffle.class</name>
    <value>org.apache.hadoop.mapred.ShuffleHandler</value>
</property>
<property>
    <name>yarn.resourcemanager.address</name>
    <value>Master:8032</value>
</property>
```

```xml
<property>
    <name>yarn.resourcemanager.scheduler.address</name>
    <value>Master:8030</value>
</property>
<property>
    <name>yarn.resourcemanager.resource-tracker.address</name>
    <value>Master:8031</value>
</property>
<property>
    <name>yarn.resourcemanager.admin.address</name>
    <value>Master:8033</value>
</property>
<property>
    <name>yarn.resourcemanager.webapp.address</name>
    <value>Master:8088</value>
</property>
```

5）配置 mapred-site.xml。

```xml
<property>
    <name>mapreduce.framework.name</name>
    <value>yarn</value>
</property>
<property>
    <name>mapreduce.jobhistory.address</name>
    <value>Master:10020</value>
</property>
<property>
    <name>mapreduce.jobhistory.webapp.address</name>
    <value>Master:19888</value>
</property>
```

6）创建 namenode 和 datanode 目录，并配置路径。

① 创建目录。

```
mkdir -p /hdfs/namenode
mkdir -p /hdfs/datanode
```

② 在 hdfs-site.xml 中配置路径。

```xml
<property>
    <name>dfs.namenode.name.dir</name>
    <value>file:/hdfs/namenode</value>
</property>
<property>
    <name>dfs.datanode.data.dir</name>
```

```xml
        <value>file:/hdfs/datanode</value>
    </property>
    <property>
        <name>dfs.replication</name>
        <value>3</value>
    </property>
    <property>
        <name>dfs.namenode.secondary.http-address</name>
        <value>Master:9001</value>
    </property>
    <property>
<name>dfs.webhdfs.enabled</name>
<value>true</value>
</property>
```

7）配置 slaves 文件，在其中加入所有从节点主机名，例如：

```
x.x.x.x worker1
x.x.x.x worker2
……
```

8）格式化 namenode：

```
/usr/local/hadoop/bin/hadoop namenode -format
```

至此，Hadoop 配置过程基本完成。

1.2.5 Spark 的安装部署

登录 Spark 官网下载页面（http://spark.apache.org/downloads.html）下载 Spark。这里选择最新的 Spark 1.5.0 版 spark-1.5.0-bin-hadoop2.6.tgz（Pre-built for Hadoop2.6 and later）。

然后解压 spark 安装包至本地指定目录：

```
tar zxvf spark-1.5.0-bin-hadoop2.6.tgz -C /usr/local/
ln -s spark-1.5.0-bin-hadoop2.6 spark
```

下面让我们开始 Spark 的配置之旅吧。

1）打开 /etc/profile，末尾加入：

```
export SPARK_HOME=/usr/local/spark
PATH=$PATH:${SPARK_HOME}/bin
```

关闭并保存 profile，然后命令行执行 `source /etc/profile` 使配置生效。

2)打开 /etc/hosts，加入集群中 Master 及各个 Worker 节点的 ip 与 hostname 配对。

```
x.x.x.x Master-name
x.x.x.x worker1
x.x.x.x worker2
x.x.x.x worker3
……
```

3)进入 /usr/local/spark/conf，在命令行执行：

```
cp spark-env.sh.template spark-env.sh
vi spark-env.sh
```

末尾加入：

```
export JAVA_HOME=/usr/lib/jvm/java-1.7
export SCALA_HOME=/usr/local/scala
export SPARK_MASTER_IP=112.74.197.158< 以本机为例 >
export SPARK_WORKER_MEMORY=1g
```

保存并退出，执行命令：

```
cp slaves.template slaves
vi slaves
```

在其中加入各个 Worker 节点的 hostname。这里以四台机器（master、worker1、worker2、worker3）为例，那么 slaves 文件内容如下：

```
worker1
worker2
worker3
```

1.2.6　Hadoop 与 Spark 的集群复制

前面完成了 Master 主机上 Hadoop 与 Spark 的搭建，现在我们将该环境及部分配置文件从 Master 分发到各个 Worker 节点上（以笔者环境为例）。在集群环境中，由一台主机向多台主机间的文件传输一般使用 pssh 工具来完成。为此，在 Master 上建立一个文件 workerlist.txt，其中保存了所有 Worker 节点的 IP，每次文件的分发只需要一行命令即可完成。

1)复制 JDK 环境：

```
pssh -h workerlist -r /usr/lib/jvm/java-1.7 /
```

2）复制 scala 环境：

```
pssh -h workerlist -r /usr/local/scala /
```

3）复制 Hadoop：

```
pssh -h workerlist -r /usr/local/hadoop /
```

4）复制 Spark 环境：

```
pssh -h workerlist -r /usr/local/spark /
```

5）复制系统配置文件：

```
pssh -h workerlist /etc/hosts /
pssh -h workerlist /etc/profile /
```

至此，Spark Linux 集群环境搭建完毕。

1.3 Spark 集群试运行

下面试运行 Spark。

1）在 Master 主机上，分别启动 Hadoop 与 Spark。

```
cd /usr/local/hadoop/sbin/
./start-all.sh
cd /usr/local/spark/sbin
./start-all.sh
```

2）检查 Master 与 Worker 进程是否在各自节点上启动。在 Master 主机上，执行命令 jps，如图 1-5 所示。

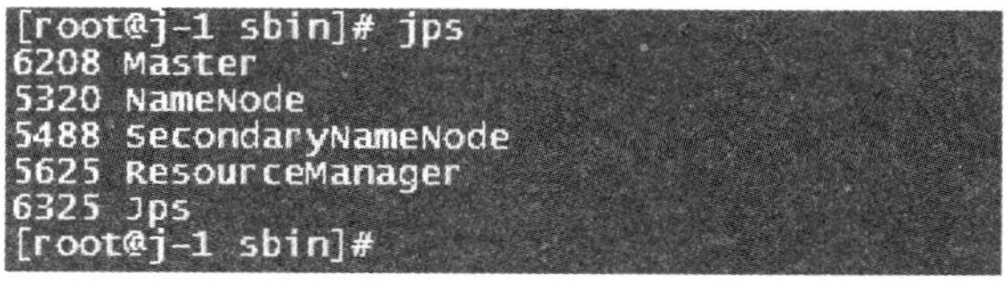

图 1-5　在 Master 主机上执行 jps 命令

在 Worker 节点上，以 Worker1 为例，执行命令 jps，如图 1-6 所示。

从图 1-6 中可以清晰地看到，Master 进程与 Worker 及相关进程在各自节点上成功运行，Hadoop 与 Spark 运行正常。

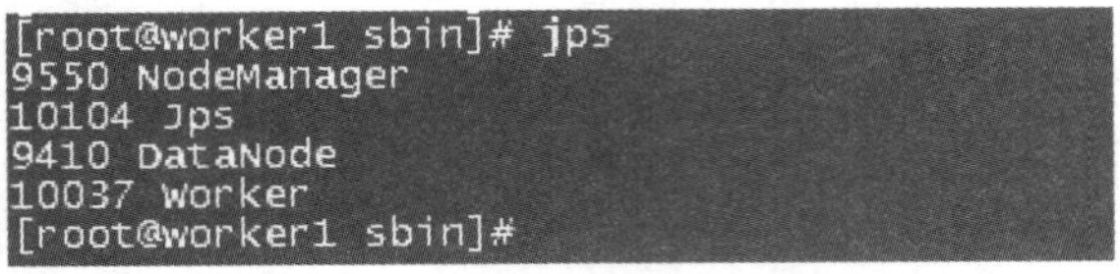

```
[root@worker1 sbin]# jps
9550 NodeManager
10104 Jps
9410 DataNode
10037 Worker
[root@worker1 sbin]#
```

图 1-6　在 Worker 节点上执行 jps 命令

3）通过 Spark Web UI 查看集群状态。在浏览器中输入 Master 的 IP 与端口，打开 Spark Web UI，如图 1-7 所示。

从图 1-7 中可以看到，当集群内仅有一个 Worker 节点时，Spark Web UI 显示该节点处于 Alive 状态，CPU Cores 为 1，内存为 1GB。此页面会列出集群中所有启动后的 Worker 节点及应用的信息。

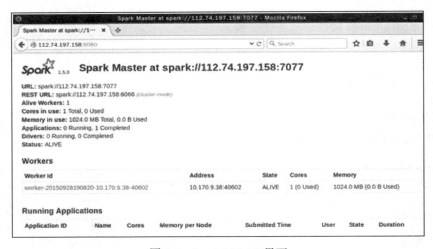

图 1-7　Spark Web UI 界面

4）运行样例。Spark 自带了一些样例程序可供试运行。在 Spark 根目录下，example/src/main 文件夹中存放着 Scala、Java、Python 及用 R 语言编写的样例，用户可以运行其中的某个样例程序。先拷贝到 Spark 根目录下，然后执行 bin/run-example [class] [params] 即可。例如可以在 Master 主机命令行执行：

```
./run-example SparkPi 10
```

然后可以看到该应用的输出，在 Spark Web UI 上也可以查看应用的状态及其他信息。

1.4 Intellij IDEA 的安装与配置

Intellij IDE 是目前最流行的 Spark 开发环境。本节主要介绍 Intellij 开发工具的安装与配置。Intellij 不但可以开发 Spark 应用，还可以作为 Spark 源代码的阅读器。

1.4.1 Intellij 的安装

Intellij 开发环境依赖 JDK、Scala。

1. JDK 的安装

Intellij IDE 需要安装 JDK 1.7 或更高版本。Open JDK1.7 的安装与配置前文中已讲过，这里不再赘述。

2. Scala 的安装

Scala 的安装与配置前文已讲过，此处不再赘述。

3. Intellij 的安装

登录 Intellij 官方网站（http://www.jetbrains.com/idea/）下载最新版 Intellij linux 安装包 ideaIC-14.1.5.tar.gz，然后执行如下步骤：

1）解压：`tar zxvf ideaIC-14.1.5.tar.gz -C /usr/`

2）运行：到解压后的目录执行 `./idea.sh`

3）安装 Scala 插件：打开"File"→"Settings"→"Plugins"→"Install JetBrain plugin"运行后弹出如图 1-8 所示的对话框。

单击右侧 Install plugin 开始安装 Scala 插件。

1.4.2 Intellij 的配置

1）在 Intellij IDEA 中新建 Scala 项目，命名为"HelloScala"，如图 1-9 所示。

2）选择菜单"File"→"Project Structure"→"Libraries"，单击"+"号，选择"java"，定位至前面 Spark 根目录下的 lib 目录，选中 spark-assembly-1.5.0-hadoop2.6.0.jar，单击 OK 按钮。

3）与上一步相同，单击"+"号，选择"scala"，然后定位至前面已安装的 scala 目录，scala 相关库会被自动引用。

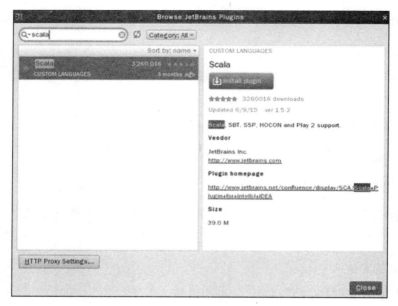

图 1-8　Scala 插件弹出窗口

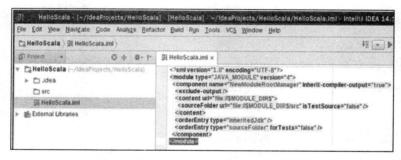

图 1-9　在 Intellij IDEA 中新建 Scala 项目

4）选择菜单"File"→"Project Structure"→"Platform Settings"→"SDKs",单击"+"号,选择 JDK,定位至 JDK 安装目录,单击 OK 按钮。

至此,Intellij IDEA 开发环境配置完毕,用户可以用它开发自己的 Spark 程序了。

1.5　Eclipse IDE 的安装与配置

现在介绍如何安装 Eclipse。与 Intellij IDEA 类似,Eclipse 环境依赖于 JDK 与 Scala 的安装。JDK 与 Scala 的安装前文已经详细讲述过了,在此不再赘述。

对最初需要为 Ecplise 选择版本号完全对应的 Scala 插件才可以新建 Scala 项目。不过自从有了 Scala IDE 工具，问题大大简化了。因为 Scala IDE 中集成的 Eclipse 已经替我们完成了前面的工作，用户可以直接登录官网（http://scala-ide.org/download/sdk.html）下载安装。

安装后，进入 Scala IDE 根目录下的 bin 目录，执行 ./eclipse 启动 IDE。

然后选择"File"→"New"→"Scala Project"打开项目配置页。

输入项目名称，如 HelloScala，然后选择已经安装好的 JDK 版本，单击 Finish 按钮。接下来就可以进行开发工作了，如图 1-10 所示。

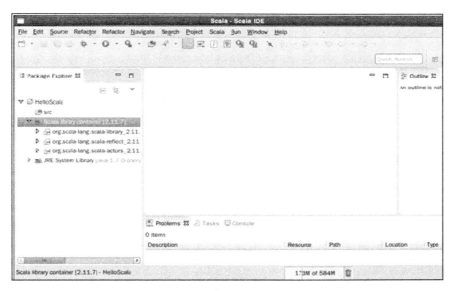

图 1-10　已经创建好的 HelloScala 项目

1.6　使用 Spark Shell 开发运行 Spark 程序

Spark Shell 是一种学习 API 的简单途径，也是分析数据集交互的有力工具。

虽然本章还没涉及 Spark 的具体技术细节，但从总体上说，Spark 弹性数据集 RDD 有两种创建方式：

❏ 从文件系统输入（如 HDFS）。

❏ 从已存在的 RDD 转换得到新的 RDD。

现在我们从 RDD 入手，利用 Spark Shell 简单演示如何书写并运行 Spark 程序。下面以 word count 这个经典例子来说明。

1）启动 spark shell: cd 进 SPARK_HOME/bin，执行命令。

```
./spark-shell
```

2）进入 scala 命令行，执行如下命令：

```
scala> val file = sc.textFile("hdfs://localhost:50040/hellosparkshell")
scala> val count = file.flatMap(line => line.split(" ")).map(word => (word, 1)).reduceByKey(_+_)
scala> count.collect()
```

首先从本机上读取文件 hellosparkshell，然后解析该文件，最后统计单词及其数量并输出如下：

```
15/09/29 16:11:46 INFO spark.SparkContext: Job finished: collect at <console>:17, took 1.624248037 s
res5: Array[(String, Int)] = Array((hello,12), (spark,12), (shell,12), (this,1), (is,1), (chapter,1), (three,1)
```

1.7 本章小结

本章着重描述了 Spark 的生态及架构，使读者对 Spark 的平台体系有初步的了解。进而描述了如何在 Linux 平台上构建 Spark 集群，帮助读者构建自己的 Spark 平台。最后又着重描述了如何搭建 Spark 开发环境，有助于读者对 Spark 开发工具进行一定了解，并独立搭建开发环境。

第 2 章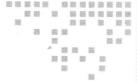

Spark 编程模型

与 Hadoop 相比，Spark 最初为提升性能而诞生。Spark 是 Hadoop MapReduce 的演化和改进，并兼容了一些数据库的基本思想，可以说，Spark 一开始就站在 Hadoop 与数据库这两个巨人的肩膀上。同时，Spark 依靠 Scala 强大的函数式编程 Actor 通信模式、闭包、容器、泛型，并借助统一资源调度框架，成为一个简洁、高效、强大的分布式大数据处理框架。

Spark 在运算期间，将输入数据与中间计算结果保存在内存中，直接在内存中计算。另外，用户也可以将重复利用的数据缓存在内存中，缩短数据读写时间，以提高下次计算的效率。显而易见，Spark 基于内存计算的特性使其擅长于迭代式与交互式任务，但也不难发现，Spark 需要大量内存来完成计算任务。集群规模与 Spark 性能之间呈正比关系，随着集群中机器数量的增长，Spark 的性能也呈线性增长。接下来介绍 Spark 编程模型。

2.1　RDD 弹性分布式数据集

通常来讲，数据处理有几种常见模型：Iterative Algorithms、Relational Queries、MapReduce、Stream Processing。例如，Hadoop MapReduce 采用了 MapReduce 模型，Storm 则采用了 Stream Processing 模型。

与许多其他大数据处理平台不同，Spark 建立在统一抽象的 RDD 之上，而 RDD 混合了上述这 4 种模型，使得 Spark 能以基本一致的方式应对不同的大数据处理场景，包括 MapReduce、Streaming、SQL、Machine Learning 以及 Graph 等。这契合了 Matei Zaharia 提出的原则："设计一个通用的编程抽象 (Unified Programming Abstraction)"，这也正是 Spark 的魅力所在，因此要理解 Spark，先要理解 RDD 的概念。

2.1.1 RDD 简介

RDD（Resilient Distributed Datasets，弹性分布式数据集）是一个容错的、并行的数据结构，可以让用户显式地将数据存储到磁盘或内存中，并控制数据的分区。RDD 还提供了一组丰富的操作来操作这些数据，诸如 map、flatMap、filter 等转换操作实现了 monad 模式，很好地契合了 Scala 的集合操作。除此之外，RDD 还提供诸如 join、groupBy、reduceByKey 等更为方便的操作，以支持常见的数据运算。

RDD 是 Spark 的核心数据结构，通过 RDD 的依赖关系形成 Spark 的调度顺序。所谓 Spark 应用程序，本质是一组对 RDD 的操作。

下面介绍 RDD 的创建方式及操作算子类型。

- RDD 的两种创建方式
  - 从文件系统输入（如 HDFS）创建
  - 从已存在的 RDD 转换得到新的 RDD
- RDD 的两种操作算子
  - Transformation（变换）

Transformation 类型的算子不是立刻执行，而是延迟执行。也就是说从一个 RDD 变换为另一个 RDD 的操作需要等到 Action 操作触发时，才会真正执行。

  - Action（行动）

Action 类型的算子会触发 Spark 提交作业，并将数据输出到 Spark 系统。

2.1.2 深入理解 RDD

RDD 从直观上可以看作一个数组，本质上是逻辑分区记录的集合。在集群中，一个 RDD 可以包含多个分布在不同节点上的分区，每个分区是一个 dataset 片段，如图 2-1 所示。

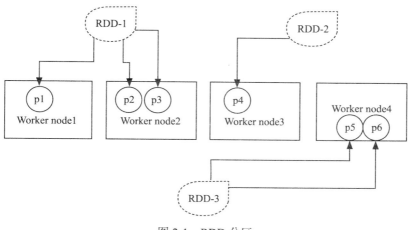

图 2-1　RDD 分区

在图 2-1 中，RDD-1 含有三个分区（p1、p2 和 p3），分布存储在两个节点上：node1 与 node2。RDD-2 只有一个分区 P4，存储在 node3 节点上。RDD-3 含有两个分区 P5 和 P6，存储在 node4 节点上。

1. RDD 依赖

RDD 可以相互依赖，如果 RDD 的每个分区最多只能被一个 Child RDD 的一个分区使用，则称之为窄依赖（narrow dependency）；若多个 Child RDD 分区都可以依赖，则称之为宽依赖（wide dependency）。不同的操作依据其特性，可能会产生不同的依赖。例如，map 操作会产生窄依赖，join 操作则产生宽依赖，如图 2-2 所示。

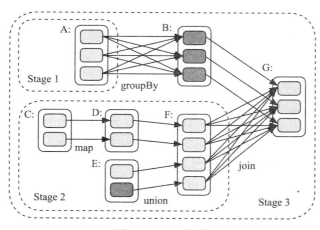

图 2-2　RDD 依赖

2. RDD 支持容错性

支持容错通常采用两种方式：日志记录或者数据复制。对于以数据为中心的系统而言，这两种方式都非常昂贵，因为它需要跨集群网络拷贝大量数据。

RDD 天生是支持容错的。首先，它自身是一个不变的（immutable）数据集，其次，RDD 之间通过 lineage 产生依赖关系（在下章继续探讨这个话题），因此 RDD 能够记住构建它的操作图，当执行任务的 Worker 失败时，完全可以通过操作图获得之前执行的操作，重新计算。因此无须采用 replication 方式支持容错，很好地降低了跨网络的数据传输成本。

3. RDD 的高效性

RDD 提供了两方面的特性：persistence（持久化）和 partitioning（分区），用户可以通过 persist 与 partitionBy 函数来控制这两个特性。RDD 的分区特性与并行计算能力（RDD 定义了 parallerize 函数），使得 Spark 可以更好地利用可伸缩的硬件资源。如果将分区与持久化二者结合起来，就能更加高效地处理海量数据。

另外，RDD 本质上是一个内存数据集，在访问 RDD 时，指针只会指向与操作相关的部分。例如，存在一个面向列的数据结构，其中一个实现为 Int 型数组，另一个实现为 Float 型数组。如果只需要访问 Int 字段，RDD 的指针可以只访问 Int 数组，避免扫描整个数据结构。

再者，如前文所述，RDD 将操作分为两类：Transformation 与 Action。无论执行了多少次 Transformation 操作，RDD 都不会真正执行运算，只有当 Action 操作被执行时，运算才会触发。而在 RDD 的内部实现机制中，底层接口则是基于迭代器的，从而使得数据访问变得更高效，也避免了大量中间结果对内存的消耗。

在实现时，RDD 针对 Transformation 操作，提供了对应的继承自 RDD 的类型，例如，map 操作会返回 MappedRDD，flatMap 则返回 FlatMappedRDD。执行 map 或 flatMap 操作时，不过是将当前 RDD 对象传递给对应的 RDD 对象而已。

2.1.3 RDD 特性总结

RDD 是 Spark 的核心，也是整个 Spark 的架构基础。它的特性可以总结如下：
1）RDD 是不变的（immutable）数据结构存储。
2）RDD 将数据存储在内存中，从而提供了低延迟性。

3）RDD 是支持跨集群的分布式数据结构。

4）RDD 可以根据记录的 Key 对结构分区。

5）RDD 提供了粗粒度的操作，并且都支持分区。

2.2　Spark 程序模型

下面给出一个经典的统计日志中 ERROR 的例子，以便读者直观理解 Spark 程序模型。

1）SparkContext 中的 textFile 函数从存储系统（如 HDFS）中读取日志文件，生成 file 变量。

```
scala> var file = sc.textFile("hdfs: //...")
```

2）统计日志文件中，所有含 ERROR 的行。

```
scala> var errors = file.filer(line=>line.contains("ERROR"))
```

3）返回包含 ERROR 的行数。

```
errors.count()
```

RDD 的操作与 Scala 集合非常类似，这是 Spark 努力追求的目标：像编写单机程序一样编写分布式应用。但二者的数据和运行模型却有很大不同，如图 2-3 所示。

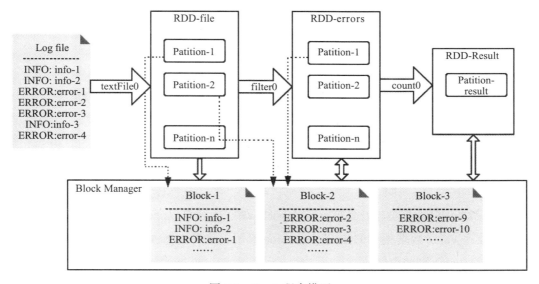

图 2-3　Spark 程序模型

在图 2-3 中，每一次对 RDD 的操作都造成了 RDD 的变换。其中 RDD 的每个逻辑分区 Partition 都对应 Block Manager（物理存储管理器）中的物理数据块 Block（保存在内存或硬盘上）。前文已强调，RDD 是应用程序中核心的元数据结构，其中保存了逻辑分区与物理数据块之间的映射关系，以及父辈 RDD 的依赖转换关系。

2.3 Spark 算子

本节介绍 Spark 算子的分类及其功能。

2.3.1 算子简介

Spark 应用程序的本质，无非是把需要处理的数据转换为 RDD，然后将 RDD 通过一系列变换（transformation）和操作（action）得到结果，简单来说，这些变换和操作即为算子。

Spark 支持的主要算子如图 2-4 所示。

```
转换    map(f : T) U) : RDD[T] ) RDD[U]
        filter(f : T) Bool) : RDD[T] ) RDD[T]
        flatMap(f : T) Seq[U]) : RDD[T] ) RDD[U]
        sample(fraction : Float) : RDD[T] ) RDD[T] (Deterministic sampling)
        groupByKey() : RDD[(K, V)] ) RDD[(K, Seq[V])]
        reduceByKey(f : (V; V) ) V) : RDD[(K, V)] ) RDD[(K, V)]
        union() : (RDD[T]; RDD[T]) ) RDD[T]
        join() : (RDD[(K, V)]; RDD[(K, W)]) ) RDD[(K, (V, W))]
        cogroup() : (RDD[(K, V)]; RDD[(K, W)]) ) RDD[(K, (Seq[V], Seq[W]))]
        crossProduct() : (RDD[T]; RDD[U]) ) RDD[(T, U)]
        mapValues(f : V) W) : RDD[(K, V)] ) RDD[(K, W)] (Preserves partitioning)
        sort(c : Comparator[K]) : RDD[(K, V)] ) RDD[(K, V)]
        partitionBy(p : Partitioner[K]) : RDD[(K, V)] ) RDD[(K, V)]

动作    count() : RDD[T] ) Long
        collect() : RDD[T] ) Seq[T]
        reduce(f : (T; T) ) T) : RDD[T] ) T
        lookup(k : K) : RDD[(K, V)] ) Seq[V] (On hash/range partitioned RDDs)
        save(path : String) : Outputs RDD to a storage system, e.g., HDFS
```

图 2-4　Spark 支持的算子

根据所处理的数据类型及处理阶段的不同，算子大致可以分为如下三类：

1）处理 Value 数据类型的 Transformation 算子；这种变换并不触发提交作业，处理的数据项是 Value 型的数据。

2）处理 Key-Value 数据类型的 Transfromation 算子；这种变换并不触发提交作业，

处理的数据项是 Key-Value 型的数据对。

3）Action 算子：这类算子触发 SparkContext 提交作业。

2.3.2 Value 型 Transmation 算子

对于处理 Value 类型数据的 Transformation 算子，依据 RDD 的输入分区与输出分区的对应关系，可以将该类算子分为 5 类，如表 2-1 所示。

如表 2-1 所示，Value 型的 Transformation 算子分类具体如下：

1）输入分区与输出分区 1 对 1 型。
2）输入分区与输出分区多对 1 型。
3）输入分区与输出分区多对多型。
4）输出分区为输入分区子集。
5）Cache 型，对 RDD 的分区缓存。

表 2-1　Value 型算子的分类

分类	输入分区数量	输出分区数量
1	1	1
2	多	1
3	多	多
4	包含输出分区	为输入分区的子集
5 cache 型		

下面详细介绍这五种分类。

1. 输入分区与输出分区 1 对 1 型

1）map 算子：map 是对 RDD 中的每个元素都执行一个指定函数来产生一个新的 RDD。任何原 RDD 中的元素在新 RDD 中都有且只有一个元素与之对应，如图 2-5 所示。

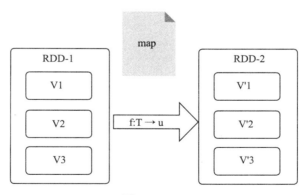

图 2-5　map

在图 2-5 中，RDD-1 中的元素 V1 经过函数映射后，变为新的元素 V'1，最终构成新的 RDD-2。输入输出分区 1 对 1 型不会产生任何变化。注意，事实上，只有 Action 算子被触发后，这些操作才会被真正执行。

2）flatMap：与 map 类似，将原 RDD 中的每个元素通过函数 f 转换为新的元素，并将这些元素放入一个集合，构成新的 RDD，如图 2-6 所示。

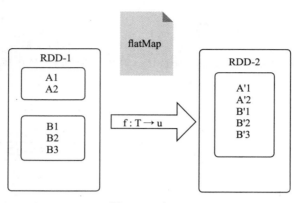

图 2-6　flatMap

在图 2-6 中，外面大的矩形表示分区，小的矩形表示元素集合。如元素 A1、A2 在 RDD-1 中属于一个集合，B1、B2、B3 属于另一个集合。RDD-1 经过 flatMap 变换为新的 RDD-2，此时 A' 与 B' 处于同一集合中。

3）mapPartitions：mapPartitions 是 map 的一个变种。map 的输入函数应用于 RDD 中的每个元素，而 mapPartitions 的输入函数应用于每个分区，也就是把每个分区中的内容作为整体来处理的。

mapPartitions 的函数定义为：

```
def mapPartitions[U: ClassTag](f: Iterator[T] => Iterator[U],
preservesPartitioning: Boolean = false): RDD[U]
```

f 即为输入函数，它处理每个分区中的内容。每个分区中的内容将以 Iterator[T] 传递给输入函数 f，f 的输出结果是 Iterator[U]。最终的 RDD 由所有分区经过输入函数处理后的结果合并起来的，如图 2-7 所示。

在图 2-7 中，用户通过 f(iter)=>iter.filter(_>0) 对元素过滤，保留大于 0 的元素。其中方框为分区，虽然过滤了元素，但原有分区保持不变。

4）glom：将每个分区内的元素组成一个数组，

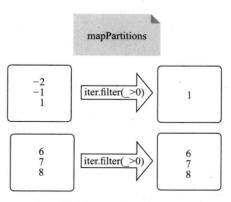

图 2-7　mapPartitions

分区不变，如图 2-8 所示。

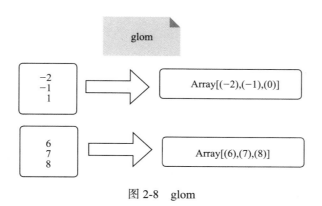

图 2-8　glom

图 2-8 中的方框代表分区，glom 算子将每个分区内的元素组成一个数组。

2. 输入分区与输出分区多对 1 型

1）union：合并同一数据类型元素，但不去重。合并后返回同类型的数据元素，如图 2-9 所示。

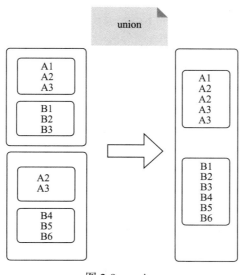

图 2-9　union

图 2-9 中的大方框代表 RDD，内部小方框代表 RDD 分区，合并后同一类型元素位于同一分区中。

2）cartesian：对输入 RDD 内的所有元素计算笛卡尔积，如图 2-10 所示。

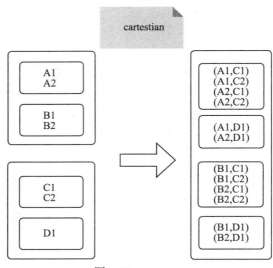

图 2-10　cartesian

3. 输入分区与输出分区多对多型

groupBy：先将元素通过函数生成 Key，元素转为"Key-Value"类型之后，将 Key 相同的元素分为一组，如图 2-11 所示。

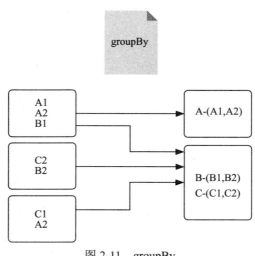

图 2-11　groupBy

在图 2-11 中可以看到三个分区，经过 groupBy 变换后，Key 相同的元素被合并到一组。

4. 输出分区为输入分区子集

1）filter：对 RDD 中的元素进行过滤，过滤函数返回 true 的元素保留，否则删除，如图 2-12 所示。

图 2-12 中的方框为 RDD 的分区。

2）distinct：对 RDD 中的元素进行去重操作，重复的元素只保留一份。

3）substract：对集合进行差操作，即 RDD1 中去除 RDD1 与 RDD2 的交集。

4）sample：对 RDD 集合内的元素采样。

5）takesample：与 sample 算子类似，可以设定采样个数。

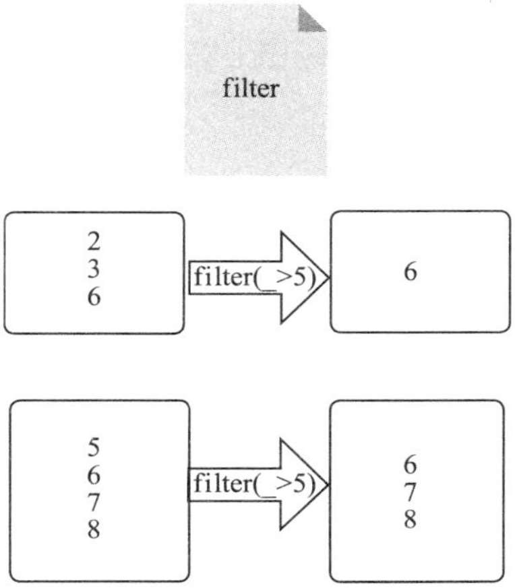

图 2-12 filter

5. Cache 型（RDD 持久化操作）

1）cache：将 RDD 元素从磁盘缓存到内存。

2）persist：与 cache 类似，但比 cache 功能更强大，persist 函数可以指定存储级别。完整的存储级别列表如表 2-2 所示。

表 2-2 存储级别

存储级别	描述
MEMORY_ONLY	将 RDD 作为非序列化的 Java 对象存储在 JVM 中。如果 RDD 不适合存在内存中，一些分区将不会被缓存，从而在每次需要这些分区时都重新计算它们。这是系统默认的存储级别
MEMORY_AND_DISK	将 RDD 作为非序列化的 Java 对象存储在 JVM 中。如果 RDD 不适合存在内存中，将这些不适合存在内存中的分区存储在磁盘中，每次需要时读出它们
MEMORY_ONLY_SER	将 RDD 作为序列化的 Java 对象存储（每个分区一个 byte 数组）。这种方式比非序列化方式更节省空间，特别是用快速的序列化工具时，但是会更耗费 CPU 资源——密集的读操作
MEMORY_AND_DISK_SER	和 MEMORY_ONLY_SER 类似，但不是在每次需要时，都重复计算这些不适合存储到内存中的分区，将这些分区存储到磁盘中
DISK_ONLY	仅仅将 RDD 分区存储到磁盘中
MEMORY_ONLY_2, MEMORY_AND_DISK_2, etc.	和上面的存储级别类似，但是复制每个分区到集群的两个节点上
OFF_HEAP(experimental)	以序列化的格式存储 RDD 到 Tachyon 中，相对于 MEMORY_ONLY_SER，OFF_HEAP 减少了垃圾回收的花费，允许更小的执行者共享内存池。这使其在拥有大量内存的环境下或者多并发应用程序的环境中，具有更强的吸引力

2.3.3 Key-Value 型 Transmation 算子

处理数据类型为 Key-Value 的 Transmation 算子，大致可以分为三类：

1. 输入输出分区 1 对 1

mapValues 顾名思义就是输入函数应用于 RDD 中 KV（Key-Value）类型元素中的 Value，原 RDD 中的 Key 保持不变，与新的 Value 一起组成新的 RDD 中的元素。因此，该函数只适用于元素为 Key-Value 对的 RDD，如图 2-13 所示。

图 2-13 中的输入函数对 Value 分别进行加 10 操作，形成新的 RDD，包含 KV 类型新元素。

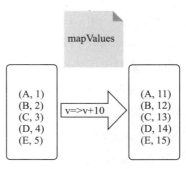

图 2-13　mapValues

2. 聚集操作

（1）对一个 RDD 聚集

1）reduceByKey：对元素为 KV 对的 RDD 中 Key 相同的元素的 Value 进行 reduce 操作，即两个值合并为一个值。因此，Key 相同的多个元素的值被合并为一个值，然后与原 RDD 中的 Key 组成一个新的 KV 对，如图 2-14 所示。

2）combineByKey：与 reduceByKey 类似，相当于将元素（int,int）KV 对变换为（int,Seq[int]）新的 KV 对，如图 2-15 所示。

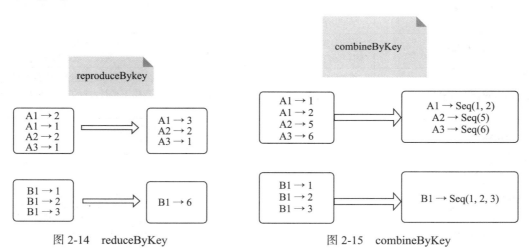

图 2-14　reduceByKey　　　　图 2-15　combineByKey

3）partitionBy：根据 KV 对的 Key 对 RDD 进行分区，如图 2-16 所示。

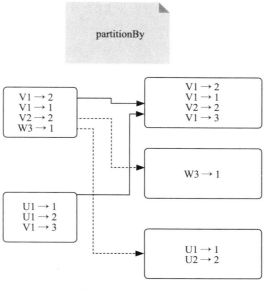

图 2-16　partitionBy

（2）对两个 RDD 聚集

coGroup：一组强大的函数，可以对多达 3 个 RDD 根据 key 进行分组，将每个 Key 相同的元素分别聚集为一个集合，如图 2-17 所示。

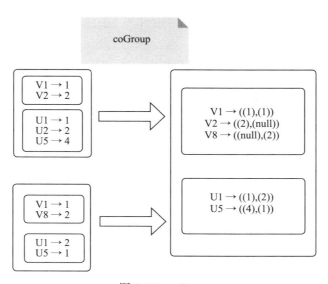

图 2-17　coGroup

图 2-17 中的大方框为 RDD，内部小方框为 RDD 中的分区。

3. 连接

1）join：本质是对两个含有 KV 对元素的 RDD 进行 coGroup 算子协同划分，再通过 flatMapValues 将合并的数据分散。

2）leftOutJoin 与 rightOutJoin：相当于在 join 基础上判断一侧的 RDD 是否为空，如果为空，则填充空，如果有数据，则将数据进行连接计算，然后返回结果。

2.3.4 Action 算子

Action 算子可以依据其输出空间划分为：无输出、HDFS、Scala 集合及数据类型。

1. 无输出

foreach 是对 RDD 中的每个元素执行无参数的 f 函数，返回 Unit。定义如下：

```
def foreach(f: T => Unit)
```

foreach 功能示例如图 2-18 所示。

图 2-18 中定义了 println 打印函数，打印 RDD 中的所有数据项。

2. HDFS

1）saveAsTextFile：函数将 RDD 保存为文本至 HDFS 指定目录，每次输出一行。功能示例如图 2-19 所示。

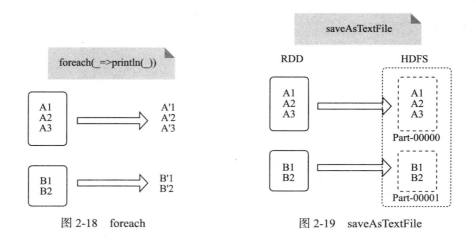

图 2-18　foreach　　　　　　图 2-19　saveAsTextFile

在图 2-19 中，通过函数将 RDD 中的每个元素映射为（null,x.toString），然后写入 HDFS 块。RDD 的每个分区存储为 HDFS 中的数据块 Block。

2）saveAsObjectFile：将 RDD 分区中每 10 个元素保存为一个数组并将其序列化，映射为（null,BytesWritable（Y））的元素，以 SequenceFile 的格式写入 HDFS，如图 2-20 所示。

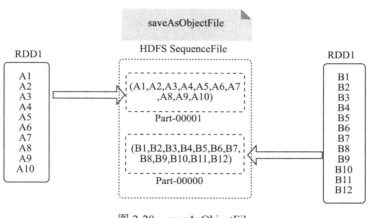

图 2-20　saveAsObjectFile

3. Scala 集合及数据类型

1）collect：将 RDD 分散存储的元素转换为单机上的 Scala 数组并返回，类似于 toArray 功能，如图 2-21 所示。

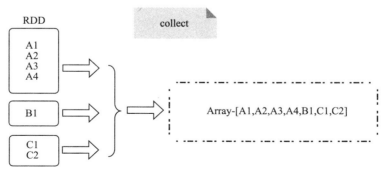

图 2-21　collect

2）collectAsMap：与 collect 类似，将元素类型为 key-value 对的 RDD，转换为 Scala Map 并返回，保存元素的 KV 结构。

3）lookup：扫描 RDD 的所有元素，选择与参数匹配的 Key，并将其 Value 以 Scala sequence 的形式返回，如图 2-22 所示。

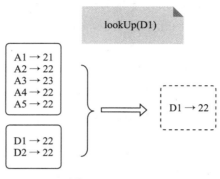

图 2-22　lookup

4）reduceByKeyLocally：先 reduce，然后 collectAsMap。

5）count：返回 RDD 中的元素个数。

6）reduce：对 RDD 中的所有元素进行 reduceLeft 操作。

例如，当用户函数定义为：`f:(A,B)=>(A._1+"@"+B._1,A._2+B._2)` 时，reduce 算子的计算过程如图 2-23 所示。

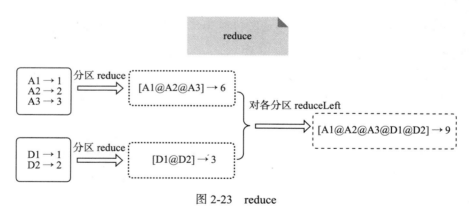

图 2-23　reduce

7）top/take：返回 RDD 中最大 / 最小的 K 个元素。

8）fold：与 reduce 类似，不同的是每次对分区内的 value 聚集时，分区内初始化的值为 zero value。

例如，当用户自定义函数为：`fold(("A0",0))((A,B)=>A._1+"@"+B._1, A._2 + B._2`

)) 时，fold 算子的计算过程如图 2-24 所示。

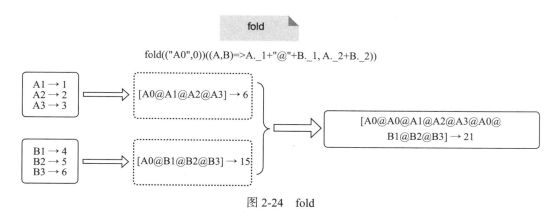

图 2-24　fold

9）aggregate：允许用户对 RDD 使用两个不同的 reduce 函数，第一个 reduce 函数对各个分区内的数据聚集，每个分区得到一个结果。第二个 reduce 函数对每个分区的结果进行聚集，最终得到一个总的结果。aggregate 相当于对 RDD 内的元素数据归并聚集，且这种聚集是可以并行的。而 fold 与 reduced 的聚集是串行的。

10）broadcast（广播变量）：存储在单节点内存中，不需要跨节点存储。Spark 运行时，将广播变量数据分发到各个节点，可以跨作业共享。

11）accucate：允许全局累加操作。accumulator 被广泛用于记录应用运行参数。

2.4　本章小结

通过阅读第 1 章的内容，相信读者对 Spark 的整体概念及框架已有概要的了解，并对 Spark 的集群环境及开发工具了然于胸。本章承上启下，带领读者了解 Spark 最核心的内容，即 RDD 弹性分布式数据集，同时给出一个典型的编程范例，最后深入讲解了基于 RDD 的算子操作。学习完本章基础知识后，下一章将深入介绍 Spark 的基本机制与原理。

Chapter 3 第 3 章

Spark 机制原理

本书前面几章分别介绍了 Spark 的生态系统、Spark 运行模式及 Spark 的核心概念 RDD 和基本算子操作等重要基础知识。本章重点讲解 Spark 的主要机制原理，因为这是 Spark 程序得以高效执行的核心。本章先从 Application、job、stage 和 task 等层次阐述 Spark 的调度逻辑，并且介绍 FIFO、FAIR 等经典算法，然后对 Spark 的重要组成模块：I/O 与通信控制模块、容错模块及 Shuffle 模块做了深入的阐述。其中，在 Spark I/O 模块中，数据以数据块的形式管理，存储在内存、磁盘或者 Spark 集群中的其他机器上。Spark 集群通信机制采用了 AKKA 通信框架，在集群机器中传递命令和状态信息。另外，容错是分布式系统的一个重要特性，Spark 采用了 lineage 与 checkpoint 机制来保证容错性。Spark Shuffle 模块借鉴了 MapReduce 的 Shuffle 机制，但在其基础上进行了改进与创新。

3.1 Spark 应用执行机制分析

下面对 Spark Application 的基本概念和执行机制进行深入介绍。

3.1.1 Spark 应用的基本概念

Spark 应用（Application）是用户提交的应用程序。Spark 运行模式分为：Local、Standalone、YARN、Mesos 等。根据 Spark Application 的 Driver Program 是否在集群中

运行，Spark 应用的运行方式又可以分为 Cluster 模式和 Client 模式。

下面介绍 Spark 应用涉及的一些基本概念：

1）SparkContext：Spark 应用程序的入口，负责调度各个运算资源，协调各个 Worker Node 上的 Executor。

2）Driver Program：运行 Application 的 main() 函数并创建 SparkContext。

3）RDD：前面已经讲过，RDD 是 Spark 的核心数据结构，可以通过一系列算子进行操作。当 RDD 遇到 Action 算子时，将之前的所有算子形成一个有向无环图（DAG）。再在 Spark 中转化为 Job（Job 的概念在后面讲述），提交到集群执行。一个 App 中可以包含多个 Job。

4）Worker Node：集群中任何可以运行 Application 代码的节点，运行一个或多个 Executor 进程。

5）Executor：为 Application 运行在 Worker Node 上的一个进程，该进程负责运行 Task，并且负责将数据存在内存或者磁盘上。每个 Application 都会申请各自的 Executor 来处理任务。

下面介绍 Spark 应用（Application）执行过程中各个组件的概念：

1）Task（任务）：RDD 中的一个分区对应一个 Task，Task 是单个分区上最小的处理流程单元。

2）TaskSet（任务集）：一组关联的，但相互之间没有 Shuffle 依赖关系的 Task 集合。

3）Stage（调度阶段）：一个 TaskSet 对应的调度阶段。每个 Job 会根据 RDD 的宽依赖关系被切分很多 Stage，每个 Stage 都包含一个 TaskSet。

4）Job（作业）：由 Action 算子触发生成的由一个或多个 Stage 组成的计算作业。

5）Application：用户编写的 Spark 的应用程序，由一个或多个 Job 组成。提交到 Spark 之后，Spark 为 Application 分配资源，将程序转换并执行。

6）DAGScheduler：根据 Job 构建基于 Stage 的 DAG，并提交 Stage 给 TaskScheduler。

7）TaskScheduler：将 Taskset 提交给 Worker Node 集群运行并返回结果。

以上基本概念之间的关系如图 3-1 所示。

3.1.2　Spark 应用执行机制概要

Spark Application 从提交后到在 Worker Node 执行，期间经历了一系列变换，具体过程如图 3-2 所示。

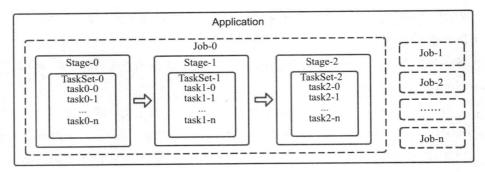

图 3-1　Spark 基本概念之间的关系

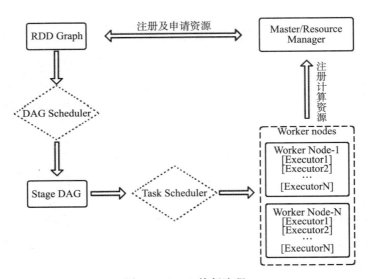

图 3-2　Spark 执行流程

如图 3-2 所示，前面讲过，当 RDD 遇见 Action 算子之后，触发 Job 提交。提交后的 Job 在 Spark 中形成了 RDD DAG 有向无环图（Directed Acyclic Graph）。RDD DAG 经过 DAG Scheduler 调度之后，根据 RDD 依赖关系被切分为一系列的 Stage。每个 Stage 包含一组 task 集合，再经过 Task Scheduler 之后，task 被分配到 Worker 节点上的 Executor 线程池执行。如前文所述，RDD 中的每一个逻辑分区对应一个物理的数据块，同时每个分区对应一个 Task，因此 Task 也有自己对应的物理数据块，使用用户定义的函数来处理。Spark 出于节约内存的考虑，采用了延迟执行的策略，如前文所述，只有 Action 算子才可以触发整个操作序列的执行。另外，Spark 对于中间计算结果也不会重新分配内存，而是在同一个数据块上流水线操作。

Spark 使用 BlockManager 管理数据块,在内存或者磁盘进行存储,如果数据不在本节点,则还可以通过远端节点复制到本机进行计算。在计算时,Spark 会在具体执行计算的 Worker 节点的 Executor 中创建线程池,Executor 将需要执行的任务通过线程池来并发执行。

3.1.3 应用提交与执行

Spark 使用 Driver 进程负责应用的解析、切分 Stage 并调度 Task 到 Executor 执行,包含 DAGScheduler 等重要对象。Driver 进程的运行地点有如下两种:

1)Driver 进程运行在 Client 端,对应用进行管理监控。

2)Master 节点指定某个 Worker 节点启动 Driver 进程,负责监控整个应用的执行。

针对这两种情况,应用提交及执行过程分别如下:

1. Driver 运行在 Client

用户启动 Client 端,在 Client 端启动 Driver 进程。在 Driver 中启动或实例化 DAGScheduler 等组件。

1)Driver 向 Master 注册。

2)Worker 向 Master 注册,Master 通过指令让 Worker 启动 Executor。

3)Worker 通过创建 ExecutorRunner 线程,进而 ExecutorRunner 线程启动 ExecutorBackend 进程。

4)ExecutorBackend 启动后,向 Client 端 Driver 进程内的 SchedulerBackend 注册,因此 Driver 进程就可以发现计算资源。

5)Driver 的 DAGScheduler 解析应用中的 RDD DAG 并生成相应的 Stage,每个 Stage 包含的 TaskSet 通过 TaskScheduler 分配给 Executor。在 Executor 内部启动线程池并行化执行 Task。

2. Driver 运行在 Worker 节点

用户启动客户端,客户端提交应用程序给 Master。

1)Master 调度应用,指定一个 Worker 节点启动 Driver,即 Scheduler-Backend。

2)Worker 接收到 Master 命令后创建 DriverRunner 线程,在 DriverRunner 线程内创建 SchedulerBackend 进程。Driver 充当整个作业的主控进程。

3)Master 指定其他 Worker 节点启动 Exeuctor,此处流程和上面相似,Worker 创建

ExecutorRunner 线程，启动 ExecutorBackend 进程。

4）ExecutorBackend 启动后，向 Driver 的 SchedulerBackend 注册，这样 Driver 获取了计算资源就可以调度和将任务分发到计算节点执行。

SchedulerBackend 进程中包含 DAGScheduler，它会根据 RDD 的 DAG 切分 Stage，生成 TaskSet，并调度和分发 Task 到 Executor。对于每个 Stage 的 TaskSet，都会被存放到 TaskScheduler 中。TaskScheduler 将任务分发到 Executor，执行多线程并行任务。图 3-3 为 Spark 应用的提交与执行示意图。

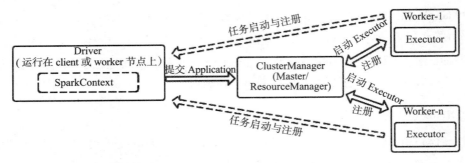

图 3-3　Spark 应用的提交与执行

3.2　Spark 调度机制

Spark 调度机制是保证 Spark 应用高效执行的关键。本节从 Application、job、stage 和 task 的维度，从上层到底层来一步一步揭示 Spark 的调度策略。

3.2.1　Application 的调度

Spark 中，每个 Application 对应一个 SparkContext。SparkContext 之间的调度关系取决于 Spark 的运行模式。对 Standalone 模式而言，Spark Master 节点先计算集群内的计算资源能否满足等待队列中的应用对内存和 CPU 资源的需求，如果可以，则 Master 创建 Spark Driver，启动应用的执行。宏观上来讲，这种对应用的调度类似于 FIFO 策略。在 Mesos 和 YARN 模式下，底层的资源调度系统的调度策略都是由 Mesos 和 YARN 决定的。具体分类描述如下：

1. Standalone 模式

默认以用户提交 Application 的顺序来调度，即 FIFO 策略。每个应用执行时独占所有资源。如果有多个用户要共享集群资源，则可以使用参数 `spark.cores.max` 来配置应用在集群中可以使用的最大 CPU 核数。如果不配置，则采用默认参数 `spark.deploy.defaultCore` 的值来确定。

2. Mesos 模式

如果在 Mesos 上运行 Spark，用户想要静态配置资源的话，可以设置 `spark.mesos.coarse` 为 true，这样 Mesos 变为粗粒度调度模式，然后可以设置 `spark.cores.max` 指定集群中可以使用的最大核数，与上面的 Standalone 模式类似。同时，在 Mesos 模式下，用户还可以设置参数 `spark.executor.memory` 来配置每个 executor 的内存使用量。如果想使 Mesos 在细粒度模式下运行，可以通过 `mesos://<url-info>` 设置动态共享 cpu core 的执行模式。在这种模式下，应用不执行时的空闲 CPU 资源得以被其他用户使用，提升了 CPU 使用率。

3. YARN 模式

如果在 YARN 上运行 Spark，用户可以在 YARN 的客户端上设置 `--num-executors` 来控制为应用分配的 Executor 数量，然后设置 `--executor-memory` 指定每个 Executor 的内存大小，设置 `--executor-cores` 指定 Executor 占用的 CPU 核数。

3.2.2　job 的调度

前面章节提到过，Spark 应用程序实际上是一系列对 RDD 的操作，这些操作直至遇见 Action 算子，才触发 Job 的提交。事实上，在底层实现中，Action 算子最后调用了 runJob 函数提交 Job 给 Spark。其他的操作只是生成对应的 RDD 关系链。如在 RDD.scala 程序文件中，count 函数源码所示。

```
def count(): Long = sc.runJob(this, Utils.getIteratorSize _).sum
```

其中 sc 为 SparkContext 的对象。可见在 Spark 中，对 Job 的提交都是在 Action 算子中隐式完成的，并不需要用户显式地提交作业。在 SparkContext 中 Job 提交的实现中，最后会调用 DAGScheduler 中的 Job 提交接口。DAGScheduler 最重要的任务之一就是计算 Job 与 Task 的依赖关系，制定调度逻辑。

Job 调度的基本工作流程如图 3-4 所示，每个 Job 从提交到完成，都要经历一系列步骤，拆分成以 Tsk 为最小单位，按照一定逻辑依赖关系的执行序列。

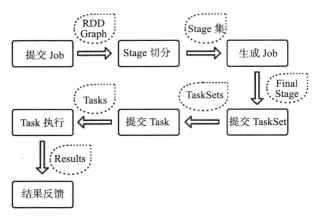

图 3-4　Job 的调度流程

图 3-5 则从 Job 调度流程中的细节模块出发，揭示了工作流程与对应模块之间的关系。从整体上描述了各个类在 Job 调度流程中的交互关系。

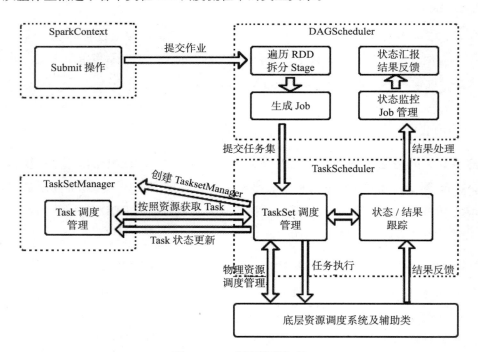

图 3-5　Job 调度流程细节

在 Spark1.5.0 的调度目录下的 SchedulingAlgorithm.scala 文件中，描述了 Spark 对 Job 的调度模式。

1. FIFO 模式

默认情况下，Spark 对 Job 以 FIFO（先进先出）的模式进行调度。在 SchedulingAlgorithm.scala 文件中声明了 FIFO 算法实现。

```
private[spark] class FIFOSchedulingAlgorithm extends SchedulingAlgorithm {
  override def comparator(s1: Schedulable, s2: Schedulable): Boolean = {
    //定义优先级
    val priority1 = s1.priority
    val priority2 = s2.priority
    var res = math.signum(priority1 - priority2)
    if (res == 0) {
      val stageId1 = s1.stageId
      val stageId2 = s2.stageId
      //signum是符号函数，返回0(参数等于0)、1(参数大于0)或-1(参数小于0)。
      res = math.signum(stageId1 - stageId2)
    }
    if (res < 0) {
      true
    } else {
      false
    }
  }
}
```

2. FAIR 模式

Spark 在 FAIR 的模式下，采用轮询的方式为多个 Job 分配资源，调度 Job。所有的任务优先级大致相同，共享集群计算资源。具体实现代码在 SchedulingAlgorithm.scala 文件中，声明如下：

```
private[spark] class FairSchedulingAlgorithm extends SchedulingAlgorithm {
  override def comparator(s1: Schedulable, s2: Schedulable): Boolean = {
    val minShare1 = s1.minShare
    val minShare2 = s2.minShare
    val runningTasks1 = s1.runningTasks
    val runningTasks2 = s2.runningTasks
    val s1Needy = runningTasks1 < minShare1
    val s2Needy = runningTasks2 < minShare2
    val minShareRatio1 = runningTasks1.toDouble / math.max(minShare1, 1.0).
      toDouble
    val minShareRatio2 = runningTasks2.toDouble / math.max(minShare2, 1.0).
      toDouble
    val taskToWeightRatio1 = runningTasks1.toDouble / s1.weight.toDouble
```

```
        val taskToWeightRatio2 = runningTasks2.toDouble / s2.weight.toDouble
        var compare: Int = 0

        if (s1Needy && !s2Needy) {
          return true
        } else if (!s1Needy && s2Needy) {
          return false
        } else if (s1Needy && s2Needy) {
          compare = minShareRatio1.compareTo(minShareRatio2)
        } else {
          compare = taskToWeightRatio1.compareTo(taskToWeightRatio2)
        }

        if (compare < 0) {
          true
        } else if (compare > 0) {
          false
        } else {
          s1.name < s2.name
        }
      }
    }
```

3. 配置调度池

DAGScheduler 构建了具有依赖关系的任务集。TaskScheduler 负责提供任务给 TaskSetManager 作为调度的先决条件。TaskSetManager 负责具体任务集内部的调度任务。调度池（pool）则用于调度每个 SparkContext 运行时并存的多个互相独立无依赖关系的任务集。调度池负责管理下一级的调度池和 TaskSetManager 对象。

用户可以通过配置文件定义调度池的属性。一般调度池支持如下 3 个参数：

1）调度模式 Scheduling mode：用户可以设置 FIFO 或者 FAIR 调度方式。

2）weight：调度池的权重，在获取集群资源上权重高的可以获取多个资源。

3）miniShare：代表计算资源中的 CPU 核数。

用户可以通过 conf/fairscheduler.xml 配置调度池的属性，同时要在 SparkConf 对象中配置属性。

3.2.3 stage（调度阶段）和 TasksetManager 的调度

1. Stage 划分

当一个 Job 被提交后，DAGScheduler 会从 RDD 依赖链的末端触发，遍历整个 RDD

依赖链，划分 Stage（调度阶段）。划分依据主要基于 ShuffleDependency 依赖关系。换句话说，当某 RDD 在计算中需要将数据进行 Shuffle 操作时，这个包含 Shuffle 操作的 RDD 将会被用来作为输入信息，构成一个新的 Stage。以这个基准作为划分 Stage，可以保证存在依赖关系的数据按照正确数据得到处理和运算。在 Spark1.5.0 的源代码中，DAGScheduler.scala 中的 getParentStages 函数的实现从一定角度揭示了 Stage 的划分逻辑。

```scala
/**
 * 对于给定的 RDD 构建或获取父 Stage 的链表。新的 Stage 构建时会包含参数中提供的 firstJobId
 */
private def getParentStages(rdd: RDD[_], firstJobId: Int): List[Stage] = {
  val parents = new HashSet[Stage]
  val visited = new HashSet[RDD[_]]
  // We are manually maintaining a stack here to prevent StackOverflowError
  // caused by recursively visiting
  val waitingForVisit = new Stack[RDD[_]]
  def visit(r: RDD[_]) {
    if (!visited(r)) {
      visited += r
      // Kind of ugly: need to register RDDs with the cache here since
      // we can't do it in its constructor because # of partitions is unknown
      /* 遍历 RDD 的依赖链 */
      for (dep <- r.dependencies) {
        dep match {
          /* 如果遇见 ShuffleDependency，则依据此依赖关系划分 Stage，并添加该 Stage 的
          父 Stage 到哈希列表中 */
          case shufDep: ShuffleDependency[_, _, _] =>
            parents += getShuffleMapStage(shufDep, firstJobId)
          case _ =>
            waitingForVisit.push(dep.rdd)
        }
      }
    }
  }
}
```

2. Stage 调度

在第一步的 Stage 划分过程中，会产生一个或者多个互相关联的 Stage。其中，真正执行 Action 算子的 RDD 所在的 Stage 被称为 Final Stage。DAGScheduler 会从这个 final stage 生成作业实例。

在 Stage 提交时，DAGScheduler 首先会判断该 Stage 的父 Stage 的执行结果是否可

用。如果所有父 Stage 的执行结果都可用，则提交该 Stage。如果有任意一个父 Stage 的结果不可用，则尝试迭代提交该父 Stage。所有结果不可用的 Stage 都将会被加入 waiting 队列，等待执行，如图 3-6 所示。

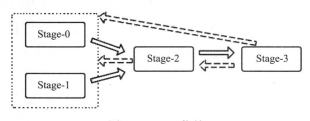

图 3-6 Stage 依赖

在图 3-6 中，虚箭头表示依赖关系。Stage 序号越小，表示 Stage 越靠近上游。图 3-6 中的 Stage 调度运行顺序如图 3-7 所示。

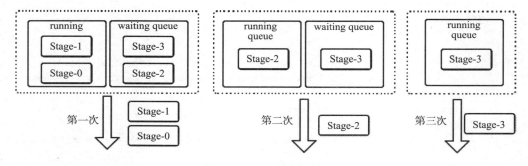

图 3-7 Stage 执行顺序

从图 3-7 可以看出，上游父 Stage 先得到执行，waiting queue 中的 stage 随后得到执行。

3. TasksetManager

每个 Stage 的提交会被转化为一组 task 的提交。DAGScheduler 最终通过调用 taskscheduler 的接口来提交这组任务。在 taskScheduler 内部实现中创建了 taskSetManager 实例来管理任务集 taskSet 的生命周期。事实上可以说每个 stage 对应一个 tasksetmanager。至此，DAGScheduler 的工作基本完毕。taskScheduler 在得到集群计算资源时，taskSetManager 会分配 task 到具体 worker 节点上执行。在 Spark1.5.0 的 taskSchedulerImpl.scala 文件中，提交 task 的函数实现如下：

```scala
override def submitTasks(taskSet: TaskSet) {
    val tasks = taskSet.tasks
    logInfo("Adding task set " + taskSet.id + " with " + tasks.length + "
    tasks")
    this.synchronized {
      /* 创建TaskSetManager实例以管理stage包含的任务集 */
      val manager = createTaskSetManager(taskSet, maxTaskFailures)
      val stage = taskSet.stageId
      val stageTaskSets =
        taskSetsByStageIdAndAttempt.getOrElseUpdate(stage, new HashMap[Int,
        TaskSetManager])
      stageTaskSets(taskSet.stageAttemptId) = manager
      val conflictingTaskSet = stageTaskSets.exists { case (_, ts) =>
        ts.taskSet != taskSet && !ts.isZombie
      }
      if (conflictingTaskSet) {
        throw new IllegalStateException(s"more than one active taskSet for
        stage $stage:" +
          s" ${stageTaskSets.toSeq.map{_._2.taskSet.id}.mkString(",")}")
      }
      /* 将TaskSetManager添加到全局的调度队列 */
      schedulableBuilder.addTaskSetManager(manager, manager.taskSet.
      properties)

      if (!isLocal && !hasReceivedTask) {
        starvationTimer.scheduleAtFixedRate(new TimerTask() {
          override def run() {
            if (!hasLaunchedTask) {
              logWarning("Initial job has not accepted any resources; " +
                "check your cluster UI to ensure that workers are registered " +
                "and have sufficient resources")
            } else {
              this.cancel()
            }
          }
        }, STARVATION_TIMEOUT_MS, STARVATION_TIMEOUT_MS)
      }
      hasReceivedTask = true
    }
    backend.reviveOffers()
  }
```

当taskSetManager进入到调度池中时，会依据job id对taskSetManager排序，总体上先进入的taskSetManager先得到调度。对于同一job内的taskSetManager而言，job id 较小的先得到调度。如果有的 taskSetManager 父 Stage 还未执行完，则该 taskSet-Manager 不会被放到调度池。

3.2.4　task 的调度

在 DAGScheduler.scala 中，定义了函数 submitMissingTasks，读者阅读完整实现，从中可以看到 task 的调度方式。限于篇幅，以下截取部分代码。

```
private def submitMissingTasks(stage: Stage, jobId: Int) {
  logDebug("submitMissingTasks(" + stage + ")")
  // Get our pending tasks and remember them in our pendingTasks entry
  stage.pendingTasks.clear()

  // First figure out the indexes of partition ids to compute.
  /*过滤出计算位置，用以执行计算*/
  val (allPartitions: Seq[Int], partitionsToCompute: Seq[Int]) = {
    stage match {
      /* 针对 shuffleMap 类型的 Stage*/
      case stage: ShuffleMapStage =>
        val allPartitions = 0 until stage.numPartitions
        val filteredPartitions = allPartitions.filter { id => stage.
          outputLocs(id).isEmpty }
        (allPartitions, filteredPartitions)
      /* 针对 Result 类型的 Stage*/
      case stage: ResultStage =>
        val job = stage.resultOfJob.get
        val allPartitions = 0 until job.numPartitions
        val filteredPartitions = allPartitions.filter { id => ! job.
          finished(id) }
        (allPartitions, filteredPartitions)
    }
  }
  .....[ 以下代码略 ]

/* 获取 task 执行的优先节点 */
private[spark]
def getPreferredLocs(rdd: RDD[_], partition: Int): Seq[TaskLocation]    = {
  getPreferredLocsInternal(rdd, partition, new HashSet)
}
```

计算 task 执行的优先节点位置的代码实现在 getPreferredLocsInternal 函数中，具体如下：

```
/* 计算位置的递归实现 */
private def getPreferredLocsInternal(
    rdd: RDD[_],
    partition: Int,
    visited: HashSet[(RDD[_], Int)]): Seq[TaskLocation] = {
  // If the partition has already been visited, no need to re-visit.
  // This avoids exponential path exploration.  SPARK-695
  if (!visited.add((rdd, partition))) {
    // Nil has already been returned for previously visited partitions.
    return Nil
  }
  // 如果调用cache缓存过，则计算缓存位置，读取缓存分区中的数据
  val cached = getCacheLocs(rdd)(partition)
  if (cached.nonEmpty) {
    return cached
  }
  // 如果能直接获取到执行地点，则返回作为该task的执行地点
  val rddPrefs = rdd.preferredLocations(rdd.partitions(partition)).toList
  if (rddPrefs.nonEmpty) {
    return rddPrefs.map(TaskLocation(_))
  }

  /* 针对窄依赖关系的RDD，取出第一个窄依赖的父RDD分区的执行地点 */
  rdd.dependencies.foreach {
    case n: NarrowDependency[_] =>
      for (inPart <- n.getParents(partition)) {
        val locs = getPreferredLocsInternal(n.rdd, inPart, visited)
        if (locs != Nil) {
          return locs
        }
      }
    case _ =>
  }

  /* 对于shuffle依赖的rdd，选取至少含REDUCER_PREF_LOCS_FRACTION这么多数据的位置作
     为优先节点 */
  if (shuffleLocalityEnabled && rdd.partitions.length < SHUFFLE_PREF_REDUCE_
  THRESHOLD) {
    rdd.dependencies.foreach {
      case s: ShuffleDependency[_, _, _] =>
        if (s.rdd.partitions.length < SHUFFLE_PREF_MAP_THRESHOLD) {
          // Get the preferred map output locations for this reducer
          val topLocsForReducer = mapOutputTracker.getLocationsWithLargestOu-
          tputs(s.shuffleId,
            partition, rdd.partitions.length, REDUCER_PREF_LOCS_FRACTION)
          if (topLocsForReducer.nonEmpty) {
```

```
                return topLocsForReducer.get.map(loc => TaskLocation(loc.host,
                    loc.executorId))
            }
        }
        case _ =>
    }
}
Nil
}
```

3.3 Spark 存储与 I/O

前面已经讲过，RDD 是按照 partition 分区划分的，所以 RDD 可以看作由一些分布在不同节点上的分区组成。由于 partition 分区与数据块是一一对应的，所以 RDD 中保存了 partitionID 与物理数据块之间的映射。物理数据块并非都保存在磁盘上，也有可能保存在内存中。

3.3.1 Spark 存储系统概览

Spark I/O 机制可以分为两个层次：

1）通信层：用于 Master 与 Slave 之间传递控制指令、状态等信息，通信层在架构上也采用 Master-Slave 结构。

2）存储层：同于保存数据块到内存、磁盘，或远端复制数据块。

下面介绍几个 Spark 存储方面的功能模块。

1）BlockManager：Spark 提供操作 Storage 的统一接口类。

2）BlockManagerMasterActor：Master 创建，Slave 利用该模块向 Master 传递信息。

3）BlockManagerSlaveActor：Slave 创建，Master 利用该模块向 Slave 节点传递控制命令，控制 Slave 节点对 block 的读写。

4）BlockManagerMaster：管理 Actor 通信。

5）DiskStore：支持以文件方式读写的方式操作 block。

6）MemoryStore：支持内存中的 block 读写。

7）BlockManagerWorker：对远端异步传输进行管理。

8）ConnectionManager：支持本地节点与远端节点数据 block 的传输。

图 3-8 概要性地揭示了 Spark 存储系统各个主要模块之间的通信。

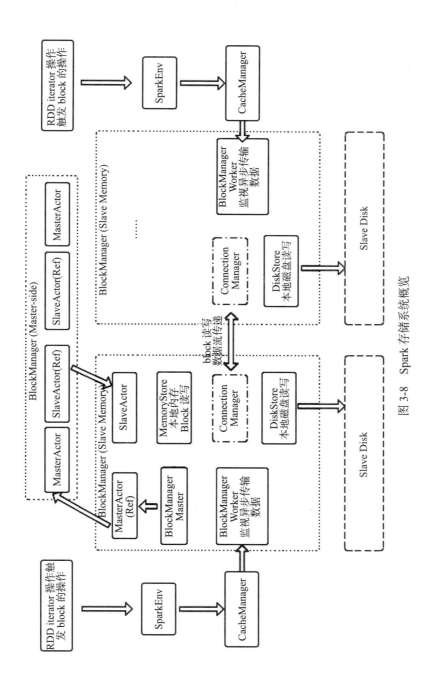

图 3-8 Spark 存储系统概览

3.3.2 BlockManager 中的通信

存储系统的通信仍然类似 Master-Slave 架构,节点之间传递命令与状态。总体而言,Master 向 Slave 传递命令,Slave 向 Master 传递信息和状态。这些 Master 与 Slave 节点之间的信息传递通过 Actor 对象实现(关于 Actor 的详细功能会在下一节 Spark 通信机制中讲述)。但在 BlockManager 中略有不同,下面分别讲述。

1) Master 节点上的 BlockManagerMaster 包含内容如下:
① BlockManagerMasterActor 的 Actor 引用。
② BlockManagerSlaveActor 的 Ref 引用。

2) Slave 节点上的 BlockManagerMaster 包含内容如下:
① BlockManagerMasterActor 的 Ref 引用。
② BlockManagerSlaveActor 的 Actor 引用。

其中,在 Ref 与 Actor 之间的通信由 BlockManagerMasterActor 和 BlockManagerSlaveActor 完成。这个部分相关的源码篇幅较多,此处省略,感兴趣的读者请自行研究。

3.4 Spark 通信机制

前面介绍过,Spark 的部署模式可以分为 local、standalone、Mesos、YARN 等。
本节以 Spark 部署在 standalone 模式下为例,介绍 Spark 的通信机制(其他模式类似)。

3.4.1 分布式通信方式

先介绍分布式通信的几种基本方式。

1. RPC

远程过程调用协议(Remote Procedure Call Protocol,RPC)是一种通过网络从远程计算机程序上请求服务,而不需要了解底层网络技术的协议。RPC 假定某些传输协议的存在,如 TCP 或 UDP,为通信程序之间携带信息数据。在 OSI 网络通信模型中,RPC 跨越了传输层和应用层。RPC 使得开发分布式应用更加容易。RPC 采用 C/S 架构。请求程序就是一个 Client,而服务提供程序就是一个 Server。首先,Client 调用进程发送一个有进程参数的调用信息到 Service 进程,然后等待应答信息。在 Server 端,进程保持睡眠状态直到调用信息到达为止。当一个调用信息到达时,Server 获得进程参数,计算结果,发送答复信息,然后等待下一个调用信息,最后,Client 调用进程接收答复信息,获得进程结果,然后调用执行继续进行。

2. RMI

远程方法调用(Remote Method Invocation,RMI)是 Java 的一组拥护开发分布式应用程序的 API。RMI 使用 Java 语言接口定义了远程对象,它集合了 Java 序列化和 Java 远程方法协议(Java Remote Method Protocol)。简单地说,这样使原先的程序在同一操作系统的方法调用,变成了不同操作系统之间程序的方法调用。由于 J2EE 是分布式程序平台,它以 RMI 机制实现程序组件在不同操作系统之间的通信。比如,一个 EJB 可以通过 RMI 调用 Web 上另一台机器上的 EJB 远程方法。RMI 可以被看作是 RPC 的 Java 版本,但是传统 RPC 并不能很好地应用于分布式对象系统。Java RMI 则支持存储于不同地址空间的程序级对象之间彼此进行通信,实现远程对象之间的无缝远程调用。

3. JMS

Java 消息服务(Java Message Service,JMS)是一个与具体平台无关的 API,用来访问消息收发。JMS 使用户能够通过消息收发服务(有时称为消息中介程序或路由器)从一个 JMS 客户机向另一个 JMS 客户机发送消息。消息是 JMS 中的一种类型对象,由两部分组成:报头和消息主体。报头由路由信息以及有关该消息的元数据组成。消息主体则携带着应用程序的数据或有效负载。JMS 定义了 5 种消息正文格式,以及调用的消息类型,允许发送并接收以一些不同形式的数据,提供现有消息格式的一些级别的兼容性。

❑ StreamMessage:Java 原始值的数据流。
❑ MapMessage:一套名称–值对。
❑ TextMessage:一个字符串对象。
❑ ObjectMessage:一个序列化的 Java 对象。
❑ BytesMessage:一个未解释字节的数据流。

4. EJB

JavaEE 服务器端组件模型(Enterprise JavaBean,EJB)的设计目标是部署分布式应用程序。简单来说就是把已经编写好的程序打包放在服务器上执行。EJB 定义了一个用于开发基于组件的企业多重应用程序的标准。EJB 的核心是会话 Bean(Session Bean)、实体 Bean(Entity Bean)和消息驱动 Bean(Message Driven Bean)。

5. Web Service

Web Service 是一个平台独立的、低耦合的、自包含的、基于可编程的 Web 应用程序。可以使用开放的 XML（标准通用标记语言下的一个子集）标准来描述、发布、发现、协调和配置这些应用程序，用于开发分布式的应用程序。Web Service 技术能使得运行在不同机器上的不同应用无须借助第三方软硬件，就可相互交换数据或集成。Web Service 减少了应用接口的花费。Web Service 为整个企业甚至多个组织之间的业务流程的集成提供了一个通用机制。

3.4.2 通信框架 AKKA

AKKA 是一个用 Scala 语言编写的库，用于简化编写容错的、高可伸缩性的 Java 和 Scala 的 Actor 模型应用。它分为开发库和运行环境，可以用于构建高并发、分布式、可容错、事件驱动的基于 JVM 的应用。AKKA 使构建高并发的分布式应用变得更加容易。Akka 已经被成功运用在众多行业的众多大企业，从投资业到商业银行、从零售业到社会媒体、仿真、游戏和赌博、汽车和交通系统、数据分析等。任何需要高吞吐率和低延迟的系统都是使用 AKKA 的候选，因此 Spark 选择 AKKA 通信框架来支持模块间的通信。

Actor 模型常见于并发编程，它由 Carl Hewitt 于 20 世纪 70 年代早期提出，目的是解决分布式编程中的一系列问题。其特点如下：

1）系统中的所有事物都可以扮演一个 Actor。
2）Actor 之间完全独立。
3）在收到消息时 Actor 采取的所有动作都是并行的。
4）Actor 有标识和对当前行为的描述。

Actor 可以看作是一个个独立的实体，它们之间是毫无关联的。但是，它们可以通过消息来通信。当一个 Actor 收到其他 Actor 的信息后，它可以根据需要做出各种响应。消息的类型和内容都可以是任意的。这点与 Web Service 类似，只提供接口服务，不必了解内部实现。一个 Actor 在处理多个 Actor 的请求时，通常先建立一个消息队列，每次收到消息后，就放入队列。Actor 每次也可以从队列中取出消息体来处理，而且这个过程是可循环的，这个特点让 Actor 可以时刻处理发送来的消息。

AKKA 的优势如下：

1）易于构建并行与分布式应用（simple concurrency & distribution）：AKKA 采用异步通信与分布式架构，并对上层进行抽象，如 Actors、Futures、STM 等。

2）可靠性（resilient by design）：系统具备自愈能力，在本地 / 远程都有监护。

3）高性能（high performance）：在单机中每秒可发送 5000 万个消息。内存占用小，1GB 内存中可保存 250 万个 actors。

4）弹性，无中心（elastic — decentralized）：自适应的负责均衡、路由、分区、配置。

5）可扩展性（extensible）：可以使用 Akka 扩展包进行扩展。

3.4.3　Client、Master 和 Worker 之间的通信

Client、Master 与 Worker 之间的交互代码实现位于如下路径：

(spark-root)/core/src/main/scala/org/apache/spark/deploy

主要涉及的类包括 Client.scala、Master.scala 和 Worker.scala。这三大模块之间的通信框架如图 3-9 所示：

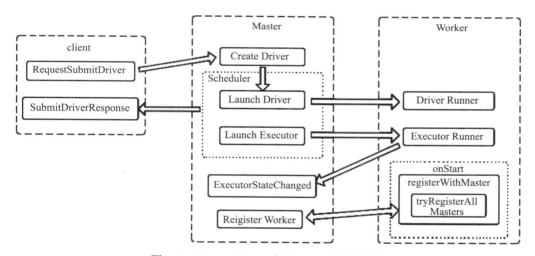

图 3-9　Client、Master 和 Worker 之间的通信

以 Standalone 部署模式为例，三大模块分工如下：

1）Client：提交作业给 Master。

2）Master：接收 Client 提交的作业，管理 Worker，并命令 Worker 启动 Driver 和 Executor。

3）Worker：负责管理本节点的资源，定期向 Master 汇报心跳信息，接收 Master 的命令，如启动 Driver 和 Executor。

下面列出 Client、Master 与 Worker 的实现代码，读者可以从中看到三个模块间的通信交互。

1. Client 端通信

```
private class ClientEndpoint(
    override val rpcEnv: RpcEnv,
    driverArgs: ClientArguments,
    masterEndpoints: Seq[RpcEndpointRef],
    conf: SparkConf)
    extends ThreadSafeRpcEndpoint with Logging {

  <限于篇幅，此处代码省略……>

  override def onStart(): Unit = {
    driverArgs.cmd match {

      case "launch" =>

        val mainClass = "org.apache.spark.deploy.worker.DriverWrapper"

        val classPathConf = "spark.driver.extraClassPath"
        val classPathEntries = sys.props.get(classPathConf).toSeq.flatMap { cp =>
          cp.split(java.io.File.pathSeparator)
        }

        val libraryPathConf = "spark.driver.extraLibraryPath"
        val libraryPathEntries = sys.props.get (libraryPathConf).toSeq.flatMap { cp =>
          cp.split(java.io.File.pathSeparator)
        }

        val extraJavaOptsConf = "spark.driver.extraJavaOptions"
        val extraJavaOpts = sys.props.get(extraJavaOptsConf)
          .map(Utils.splitCommandString).getOrElse(Seq.empty)
        val sparkJavaOpts = Utils.sparkJavaOpts(conf)
        val javaOpts = sparkJavaOpts ++ extraJavaOpts
        val command = new Command(mainClass,
          Seq("{{WORKER_URL}}", "{{USER_JAR}}", driverArgs.mainClass) ++
          driverArgs.driverOptions,
          sys.env, classPathEntries, libraryPathEntries, javaOpts)

        /* 创建 driverDescription 对象 */
        val driverDescription = new DriverDescription(
          driverArgs.jarUrl,
```

```
            driverArgs.memory,
            driverArgs.cores,
            driverArgs.supervise,
            command)

        /* 此处向Master的Actor提交Driver*/
        ayncSendToMasterAndForwardReply[SubmitDriverResponse](
            RequestSubmitDriver(driverDescription))

    case "kill" =>
        val driverId = driverArgs.driverId

        /* 接收停止Driver是否成功的通知 */
        ayncSendToMasterAndForwardReply[KillDriverResponse](RequestKill-
        Driver(driverId))
    }
}

/* 向Master发送消息,并异步地转发返回信息给Client */
private def ayncSendToMasterAndForwardReply[T: ClassTag](message: Any): Unit
= {
    for (masterEndpoint <- masterEndpoints) {
        masterEndpoint.ask[T](message).onComplete {
            case Success(v) => self.send(v)
            case Failure(e) =>
                logWarning(s"Error sending messages to master $masterEndpoint", e)
        }(forwardMessageExecutionContext)
    }
}
```

2. Master 端通信

```
private[deploy] class Master(
    override val rpcEnv: RpcEnv,
    address: RpcAddress,
    webUiPort: Int,
    val securityMgr: SecurityManager,
    val conf: SparkConf)
  extends ThreadSafeRpcEndpoint with Logging with LeaderElectable {
  ……

  override def receive: PartialFunction[Any, Unit] = {
```

```scala
/* 选举为 Master，当状态为 RecoveryState.RECOVERING 时恢复 */
case ElectedLeader => {
  val (storedApps, storedDrivers, storedWorkers) = persistenceEngine.
  readPersistedData(rpcEnv)
  state = if (storedApps.isEmpty && storedDrivers.isEmpty &&
  storedWorkers.isEmpty) {
  RecoveryState.ALIVE
  } else {
  RecoveryState.RECOVERING
  }
  logInfo("I have been elected leader! New state: " + state)
  if (state == RecoveryState.RECOVERING) {
  beginRecovery(storedApps, storedDrivers, storedWorkers)
  recoveryCompletionTask = forwardMessageThread.schedule(new Runnable {
    override def run(): Unit = Utils.tryLogNonFatalError {
    self.send(CompleteRecovery)
    }
  }, WORKER_TIMEOUT_MS, TimeUnit.MILLISECONDS)
  }
}
/* 完成恢复 */
case CompleteRecovery => completeRecovery()

case RevokedLeadership => {
  logError("Leadership has been revoked -- master shutting down.")
  System.exit(0)
}
/* 注册 worker */
case RegisterWorker(
    id, workerHost, workerPort, workerRef, cores, memory, workerUiPort,
    publicAddress) => {
    logInfo("Registering worker %s:%d with %d cores, %s RAM".format(
    workerHost, workerPort, cores, Utils.megabytesToString(memory)))

    /* 当状态为 RecoveryState.STANDBY 时，不注册 */
    if (state == RecoveryState.STANDBY) {
    // ignore, don't send response
    } else if (idToWorker.contains(id)) {
    
    /* 重复注册，通知注册失败 */
      workerRef.send(RegisterWorkerFailed("Duplicate worker ID"))
    } else {
      val worker = new WorkerInfo(id, workerHost, workerPort, cores,
      memory,
      workerRef, workerUiPort, publicAddress)
```

```scala
      if (registerWorker(worker)) {

        /* 注册成功，通知 worker 节点 */
        persistenceEngine.addWorker(worker)
        workerRef.send(RegisteredWorker(self, masterWebUiUrl))
        schedule()
      } else {
        val workerAddress = worker.endpoint.address
        logWarning("Worker registration failed. Attempted to re-register 
worker at same " +"address: " + workerAddress)

        /* 注册失败，通知 Worker 节点 */
        workerRef.send(RegisterWorkerFailed("Attempted to re-register 
worker at same address: "+ workerAddress))
      }
    }
  }

  /* 通知 Executor 的 Driver 更新状态 */
  case ExecutorStateChanged(appId, execId, state, message, exitStatus) => {
    ……




override def receiveAndReply(context: RpcCallContext): PartialFunction[Any, 
Unit] = {

  case RequestSubmitDriver(description) => {

    /* 当 Master 状态不为 ALIVE 的时候，通知 Client 无法提交 Driver */
    if (state != RecoveryState.ALIVE) {
      val msg = s"${Utils.BACKUP_STANDALONE_MASTER_PREFIX}: $state. " +
        "Can only accept driver submissions in ALIVE state."
      context.reply(SubmitDriverResponse(self, false, None, msg))
    } else {
      logInfo("Driver submitted " + description.command.mainClass)
      val driver = createDriver(description)
      persistenceEngine.addDriver(driver)
      waitingDrivers += driver
      drivers.add(driver)
      schedule()

      /* 提交 Driver */
      context.reply(SubmitDriverResponse(self, true, Some(driver.id),
```

```scala
          s"Driver successfully submitted as ${driver.id}"))
    }
}

case RequestKillDriver(driverId) => {
    if (state != RecoveryState.ALIVE) {
        val msg = s"${Utils.BACKUP_STANDALONE_MASTER_PREFIX}: $state. " +
        s"Can only kill drivers in ALIVE state."

        /* 当 Master 不为 ALIVE 时，通知无法终止 Driver */
        context.reply(KillDriverResponse(self, driverId, success = false,
        msg))
    } else {
        logInfo("Asked to kill driver " + driverId)
        val driver = drivers.find(_.id == driverId)
        driver match {
        case Some(d) =>
          if (waitingDrivers.contains(d)) {

              /* 当想 kill 的 Driver 在等待队列中时，删除 Driver 并更新状态为 KILLED */
              waitingDrivers -= d
              self.send(DriverStateChanged(driverId, DriverState.KILLED, None))
          } else {

              /* 通知 worker,Driver 被终止 */
              d.worker.foreach { w =>
                w.endpoint.send(KillDriver(driverId))
              }
          }
          // TODO: It would be nice for this to be a synchronous response
          val msg = s"Kill request for $driverId submitted"
          logInfo(msg)

          /* 通知请求者，终止 Driver 的请求已提交 */
          context.reply(KillDriverResponse(self, driverId, success = true,
          msg))
        case None =>
          val msg = s"Driver $driverId has already finished or does not exist"
          logWarning(msg)

          /* 通知请求者，Driver 已被终止或不存在 */
          context.reply(KillDriverResponse(self, driverId, success = false,
          msg))
    }
}
```

```
    }
    ……
```

3. Worker 端通信逻辑

```
private[deploy] class Worker(
    override val rpcEnv: RpcEnv,
    webUiPort: Int,
    cores: Int,
    memory: Int,
    masterRpcAddresses: Array[RpcAddress],
    systemName: String,
    endpointName: String,
    workDirPath: String = null,
    val conf: SparkConf,
    val securityMgr: SecurityManager)
  extends ThreadSafeRpcEndpoint with Logging {

    ……
    override def receive: PartialFunction[Any, Unit] = {
      /* 注册 worker */
      case RegisteredWorker(masterRef, masterWebUiUrl) =>
          ……

      /* 向 Master 发送心跳 */
      case SendHeartbeat =>
          if (connected) { sendToMaster(Heartbeat(workerId, self)) }

      /* 清理旧应用的工作目录 */
      case WorkDirCleanup =>
          // Spin up a separate thread (in a future) to do the dir cleanup;
          don't tie up worker
          // rpcEndpoint.
          // Copy ids so that it can be used in the cleanup thread.
          val appIds = executors.values.map(_.appId).toSet
          val cleanupFuture = concurrent.future {
          ……

      /* 新 Master 选举产生时，Work 更新 Master 相关信息，包括 URL 等 */
      case MasterChanged(masterRef, masterWebUiUrl) =>
          logInfo("Master has changed, new master is at " + masterRef.address.
          toSparkURL)
          changeMaster(masterRef, masterWebUiUrl)
          ……
```

```scala
    /* worker 向主节点注册失败 */
    case RegisterWorkerFailed(message) =>
       if (!registered) {
          logError("Worker registration failed: " + message)
          System.exit(1)
       }

    /* worker 重新连接向 Master 注册 */
    case ReconnectWorker(masterUrl) =>
       logInfo(s"Master with url $masterUrl requested this worker to
       reconnect.")
       registerWithMaster()

    /* 启动 Executor */
    case LaunchExecutor(masterUrl, appId, execId, appDesc, cores_, memory_) =>
       ……

       /* 启动 ExecutorRunner */
       val manager = new ExecutorRunner(
       ……

    /* executor 状态改变 */
    case executorStateChanged @ ExecutorStateChanged(appId, execId, state,
    message, exitStatus) =>
       /* 通知 Master executor 状态改变 */
       handleExecutorStateChanged(executorStateChanged)

    /* 终止当前节点上运行的 Executor */
    case KillExecutor(masterUrl, appId, execId) =>
       if (masterUrl != activeMasterUrl) {
          logWarning("Invalid Master (" + masterUrl + ") attempted to
          launch executor " + execId)
       } else {
          val fullId = appId + "/" + execId
          executors.get(fullId) match {
             case Some(executor) =>
                logInfo("Asked to kill executor " + fullId)
                executor.kill()
             case None =>
                logInfo("Asked to kill unknown executor " + fullId)
          }
          ……

    /* 启动 Driver */
    case LaunchDriver(driverId, driverDesc) => {
```

```
            logInfo(s"Asked to launch driver $driverId")
            /* 创建 DriverRunner */
            val driver = new DriverRunner(...)
            drivers(driverId) = driver
            /* 启动 Driver */
            driver.start()
            ......

        /* 终止 worker 节点上运行的 Driver */
        case KillDriver(driverId) => {
            logInfo(s"Asked to kill driver $driverId")
            drivers.get(driverId) match {
                case Some(runner) =>
                    runner.kill()
                case None =>
                    logError(s"Asked to kill unknown driver $driverId")
            ......

        /* Driver 状态更新 */
        case driverStateChanged @ DriverStateChanged(driverId, state, exception)
            => {
            handleDriverStateChanged(driverStateChanged)
        }

        ......
```

3.5 容错机制及依赖

一般而言，对于分布式系统，数据集的容错性通常有两种方式：

1）数据检查点（在 Spark 中对应 Checkpoint 机制）。

2）记录数据的更新（在 Spark 中对应 Lineage 血统机制）。

对于大数据分析而言，数据检查点操作成本较高，需要通过数据中心的网络连接在机器之间复制庞大的数据集，而网络带宽往往比内存带宽低，同时会消耗大量存储资源。

Spark 选择记录更新的方式。但更新粒度过细时，记录更新成本也不低。因此，RDD 只支持粗粒度转换，即只记录单个块上执行的单个操作，然后将创建 RDD 的一系列变换序列记录下来，以便恢复丢失的分区。

3.5.1 Lineage（血统）机制

每个 RDD 除了包含分区信息外，还包含它从父辈 RDD 变换过来的步骤，以及如何重建某一块数据的信息，因此 RDD 的这种容错机制又称"血统"（Lineage）容错。Lineage 本质上很类似于数据库中的重做日志（Redo Log），只不过这个重做日志粒度很大，是对全局数据做同样的重做以便恢复数据。

相比其他系统的细颗粒度的内存数据更新级别的备份或者 LOG 机制，RDD 的 Lineage 记录的是粗颗粒度的特定数据 Transformation 操作（如 filter、map、join 等）。当这个 RDD 的部分分区数据丢失时，它可以通过 Lineage 获取足够的信息来重新计算和恢复丢失的数据分区。但这种数据模型粒度较粗，因此限制了 Spark 的应用场景。所以可以说 Spark 并不适用于所有高性能要求的场景，但同时相比细颗粒度的数据模型，也带来了性能方面的提升。

RDD 在 Lineage 容错方面采用如下两种依赖来保证容错方面的性能：

- 窄依赖（Narrow Dependeny）：窄依赖是指父 RDD 的每一个分区最多被一个子 RDD 的分区所用，表现为一个父 RDD 的分区对应于一个子 RDD 的分区，或多个父 RDD 的分区对应于一个子 RDD 的分区。也就是说一个父 RDD 的一个分区不可能对应一个子 RDD 的多个分区。其中，1 个父 RDD 分区对应 1 个子 RDD 分区，可以分为如下两种情况：
  - 子 RDD 分区与父 RDD 分区一一对应（如 map、filter 等算子）。
  - 一个子 RDD 分区对应 N 个父 RDD 分区（如 co-paritioned（协同划分）过的 Join）。
- 宽依赖（Wide Dependency，源码中称为 Shuffle Dependency）：
- 宽依赖是指一个父 RDD 分区对应多个子 RDD 分区，可以分为如下两种情况：
  - 一个父 RDD 对应所有子 RDD 分区（未经协同划分的 Join）。
  - 一个父 RDD 对应多个 RDD 分区（非全部分区）(如 groupByKey)。

窄依赖与宽依赖关系如图 3-10 所示。

从图 3-10 可以看出对依赖类型的划分：根据父 RDD 分区是对应一个还是多个子 RDD 分区来区分窄依赖（父分区对应一个子分区）和宽依赖（父分区对应多个子分区）。如果对应多个，则当容错重算分区时，对于需要重新计算的子分区而言，只需要父分区的一部分数据，因此其余数据的重算就导致了冗余计算。

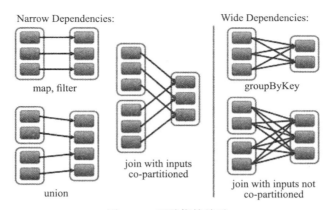

图 3-10 两种依赖关系

对于宽依赖，Stage 计算的输入和输出在不同的节点上，对于输入节点完好，而输出节点死机的情况，在通过重新计算恢复数据的情况下，这种方法容错是有效的，否则无效，因为无法重试，需要向上追溯其祖先看是否可以重试（这就是 lineage，血统的意思），窄依赖对于数据的重算开销要远小于宽依赖的数据重算开销。

窄依赖和宽依赖的概念主要用在两个地方：一个是容错中相当于 Redo 日志的功能；另一个是在调度中构建 DAG 作为不同 Stage 的划分点（前面调度机制中已讲过）。

依赖关系在 lineage 容错中的应用总结如下：

1）窄依赖可以在某个计算节点上直接通过计算父 RDD 的某块数据计算得到子 RDD 对应的某块数据；宽依赖则要等到父 RDD 所有数据都计算完成，并且父 RDD 的计算结果进行 hash 并传到对应节点上之后，才能计算子 RDD。

2）数据丢失时，对于窄依赖，只需要重新计算丢失的那一块数据来恢复；对于宽依赖，则要将祖先 RDD 中的所有数据块全部重新计算来恢复。所以在长"血统"链特别是有宽依赖时，需要在适当的时机设置数据检查点（checkpoint 机制在下节讲述）。可见 Spark 在容错性方面要求对于不同依赖关系要采取不同的任务调度机制和容错恢复机制。

在 Spark 容错机制中，如果一个节点宕机了，而且运算属于窄依赖，则只要重算丢失的父 RDD 分区即可，不依赖于其他节点。而宽依赖需要父 RDD 的所有分区都存在，重算就很昂贵了。更深入地来说：在窄依赖关系中，当子 RDD 的分区丢失，重算其父 RDD 分区时，父 RDD 相应分区的所有数据都是子 RDD 分区的数据，因此不存在冗余计算。而在宽依赖情况下，丢失一个子 RDD 分区重算的每个父 RDD 的每个分区的所有数据并不是都给丢失的子 RDD 分区使用，其中有一部分数据对应的是其他不需要重新计算的子 RDD 分区中的数据，因此在宽依赖关系下，这样计算就会产生冗余开销，这也是宽依赖开销更大的原因。为了减少这种冗余开销，通常在 Lineage 血统链比较长，并且含有宽依赖关系的容错中使用 Checkpoint 机制设置检查点。

3.5.2 Checkpoint（检查点）机制

通过上述分析可以看出 Checkpoint 的本质是将 RDD 写入 Disk 来作为检查点。这种做法是为了通过 lineage 血统做容错的辅助，lineage 过长会造成容错成本过高，这样就不如在中间阶段做检查点容错，如果之后有节点出现问题而丢失分区，从做检查点的 RDD 开始重做 Lineage，就会减少开销。

下面从代码层面介绍 Checkpoint 的实现。

1. 设置检查点数据的存取路径 [SparkContext.scala]

```scala
/* 设置作为 RDD 检查点的目录，如果是集群上运行，则必须为 HDFS 路径 */
def setCheckpointDir(directory: String) {

    // If we are running on a cluster, log a warning if the directory is local.
    // Otherwise, the driver may attempt to reconstruct the checkpointed RDD from
    // its own local file system, which is incorrect because the checkpoint files
    // are actually on the executor machines.
    if (!isLocal && Utils.nonLocalPaths(directory).isEmpty) {
       logWarning("Checkpoint directory must be non-local " +
         "if Spark is running on a cluster: " + directory)
    }

    checkpointDir = Option(directory).map { dir =>
        val path = new Path(dir, UUID.randomUUID().toString)
        val fs = path.getFileSystem(hadoopConfiguration)
        fs.mkdirs(path)
        fs.getFileStatus(path).getPath.toString
    }
}
```

2. 设置检查点的具体实现

[RDD.scala]

```
/* 设置检查点入口 */
private[spark] def doCheckpoint(): Unit = {
    RDDOperationScope.withScope(sc, "checkpoint", allowNesting = false,
    ignoreParent = true) {
      if (!doCheckpointCalled) {
          doCheckpointCalled = true
      if (checkpointData.isDefined) {
          checkpointData.get.checkpoint()
      } else {
          /*  */
          dependencies.foreach(_.rdd.doCheckpoint())
      }
    }
  }
}

[RDDCheckPointData.scala]
/* 设置检查点,在子类中会覆盖此函数以实现具体功能 */
protected def doCheckpoint(): CheckpointRDD[T]

[ReliableRDDCheckpointData.scala]
/* 设置检查点,将 RDD 内容写入可靠的分布式文件系统中 */
protected override def doCheckpoint(): CheckpointRDD[T] = {

    /* 为检查点创建输出目录 */
    val path = new Path(cpDir)
    val fs = path.getFileSystem(rdd.context.hadoopConfiguration)
    if (!fs.mkdirs(path)) {
        throw new SparkException(s"Failed to create checkpoint path $cpDir")
    }

    /* 保存为文件,加载时作为一个 RDD 加载 */
    val broadcastedConf = rdd.context.broadcast(
        new SerializableConfiguration(rdd.context.hadoopConfiguration))

    /* 重新计算 RDD */
    rdd.context.runJob(rdd, ReliableCheckpointRDD.writeCheckpointFile[T](cpDir,
    broadcastedConf) _)
    val newRDD = new ReliableCheckpointRDD[T](rdd.context, cpDir)
    if (newRDD.partitions.length != rdd.partitions.length) {
    throw new SparkException(
        s"Checkpoint RDD $newRDD(${newRDD.partitions.length}) has different " +
        s"number of partitions from original RDD $rdd(${rdd.partitions.length})")
    }
```

```
        /* 当引用不在此范围时，清除检查点文件 */
        if (rdd.conf.getBoolean("spark.cleaner.referenceTracking.cleanCheckpoints",
        false)) {
            rdd.context.cleaner.foreach { cleaner =>
            cleaner.registerRDDCheckpointDataForCleanup(newRDD, rdd.id)
        }
      }

        logInfo(s"Done checkpointing RDD ${rdd.id} to $cpDir, new parent is RDD
        ${newRDD.id}")

        newRDD

      }
  }
```

3.6 Shuffle 机制

在 MapReduce 框架中，Shuffle 是连接 Map 和 Reduce 之间的桥梁，Map 的输出要用到 Reduce 中必须经过 Shuffle 这个环节，Shuffle 的性能高低直接影响了整个程序的性能和吞吐量。Spark 作为 MapReduce 框架的一种实现，自然也实现了 Shuffle 的逻辑。对于大数据计算框架而言，Shuffle 阶段的效率是决定性能好坏的关键因素之一。

3.6.1 什么是 Shuffle

Shuffle 是 MapReduce 框架中的一个特定的阶段，介于 Map 阶段和 Reduce 阶段之间，当 Map 的输出结果要被 Reduce 使用时，输出结果需要按关键字值（key）哈希，并且分发到每一个 Reducer 上，这个过程就是 Shuffle。直观来讲，Spark Shuffle 机制是将一组无规则的数据转换为一组具有一定规则数据的过程。由于 Shuffle 涉及了磁盘的读写和网络的传输，因此 Shuffle 性能的高低直接影响整个程序的运行效率。

在 MapReduce 计算框架中，Shuffle 连接了 Map 阶段和 Reduce 阶段，即每个 Reduce Task 从每个 Map Task 产生的数据中读取一片数据，极限情况下可能触发 $M*R$ 个数据拷贝通道（M 是 Map Task 数目，R 是 Reduce Task 数目）。通常 Shuffle 分为两部分：Map 阶段的数据准备和 Reduce 阶段的数据拷贝。首先，Map 阶段需根据 Reduce 阶段的 Task 数量决定每个 Map Task 输出的数据分片数目，有多种方式存放这些数据分片：

1)保存在内存中或者磁盘上（Spark 和 MapReduce 都存放在磁盘上）。

2)每个分片对应一个文件（现在 Spark 采用的方式，以及以前 MapReduce 采用的方式），或者所有分片放到一个数据文件中，外加一个索引文件记录每个分片在数据文件中的偏移量（现在 MapReduce 采用的方式）。

因此可以认为 Spark Shuffle 与 Mapreduce Shuffle 的设计思想相同，但在实现细节和优化方式上不同。

在 Spark 中，任务通常分为两种，Shuffle mapTask 和 reduceTask，具体逻辑如图 3-11 所示：

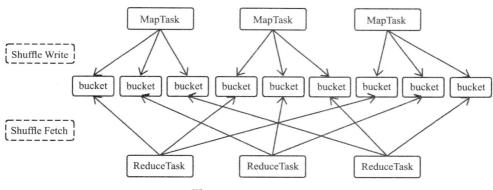

图 3-11　Spark Shuffle

图 3-11 中的主要逻辑如下：

1)首先每一个 MapTask 会根据 ReduceTask 的数量创建出相应的 bucket，bucket 的数量是 $M \times R$，其中 M 是 Map 的个数，R 是 Reduce 的个数。

2)其次 MapTask 产生的结果会根据设置的 partition 算法填充到每个 bucket 中。这里的 partition 算法是可以自定义的，当然默认的算法是根据 key 哈希到不同的 bucket 中。

当 ReduceTask 启动时，它会根据自己 task 的 id 和所依赖的 Mapper 的 id 从远端或本地的 block manager 中取得相应的 bucket 作为 Reducer 的输入进行处理。

这里的 bucket 是一个抽象概念，在实现中每个 bucket 可以对应一个文件，可以对应文件的一部分或是其他等。Spark shuffle 可以分为两部分：

1)将数据分成 bucket，并将其写入磁盘的过程称为 Shuffle Write。

2)在存储 Shuffle 数据的节点 Fetch 数据，并执行用户定义的聚集操作，这个过程称为 Shuffle Fetch。

3.6.2 Shuffle 历史及细节

下面介绍 Shuffle Write 与 Fetch。

1. Shuffle Write

在 Spark 的早期版本实现中，Spark 在每一个 MapTask 中为每个 ReduceTask 创建一个 bucket，并将 RDD 计算结果放进 bucket 中。

但早期的 Shuffle Write 有两个比较大的问题。

1) Map 的输出必须先全部存储到内存中，然后写入磁盘。这对内存是非常大的开销，当内存不足以存储所有的 Map 输出时就会出现 OOM（Out of Memory）。

2) 每个 MapTask 会产生与 ReduceTask 数量一致的 Shuffle 文件，如果 MapTask 个数是 1k，ReduceTask 个数也是 1k，就会产生 1M 个 Shuffle 文件。这对于文件系统是比较大的压力，同时在 Shuffle 数据量不大而 Shuffle 文件又非常多的情况下，随机写也会严重降低 IO 的性能。

后来到了 Spark 0.8 版实现时，显著减少了 Shuffle 的内存压力，现在 Map 输出不需要先全部存储在内存中，再 flush 到硬盘，而是 record-by-record 写入磁盘中。对于 Shuffle 文件的管理也独立出新的 ShuffleBlockManager 进行管理，而不是与 RDD cache 文件在一起了。

但是 Spark 0.8 版的 Shuffle Write 仍然有两个大的问题没有解决。

1) Shuffle 文件过多的问题。这会导致文件系统的压力过大并降低 IO 的吞吐量。

2) 虽然 Map 输出数据不再需要预先存储在内存中然后写入磁盘，从而显著减少了内存压力。但是新引入的 DiskObjectWriter 所带来的 buffer 开销也是不容小视的内存开销。假定有 1k 个 MapTask 和 1k 个 ReduceTask，就会有 1M 个 bucket，相应地就会有 1M 个 write handler，而每一个 write handler 默认需要 100KB 内存，那么总共需要 100GB 内存。这样仅仅是 buffer 就需要这么多的内存。因此当 ReduceTask 数量很多时，内存开销会很大。

为了解决 shuffle 文件过多的情况，Spark 后来引入了新的 Shuffle consolidation，以期显著减少 Shuffle 文件的数量。

Shuffle consolidation 的原理如图 3-12 所示：

在图 3-12 中，假定该 job 有 4 个 Mapper 和 4 个 Reducer，有 2 个 core 能并行运行两个 task。可以算出 Spark 的 Shuffle Write 共需要 16 个 bucket，也就有了 16 个 write handler。在之前的 Spark 版本中,每个 bucket 对应一个文件,因此在这里会产生 16 个 shuffle 文件。

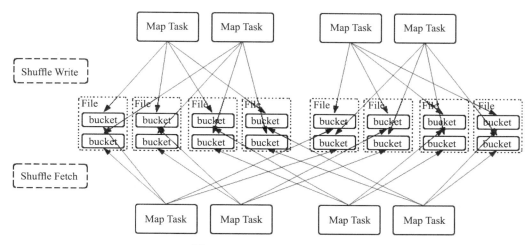

图 3-12 Shuffle consolidation

而在 Shuffle consolidation 中,每个 bucket 并非对应一个文件,而是对应文件中的一个 segment。同时 Shuffle consolidation 产生的 Shuffle 文件数量与 Spark core 的个数也有关系。在图 3-12 中,job 中的 4 个 Mapper 分为两批运行,在第一批 2 个 Mapper 运行时会申请 8 个 bucket,产生 8 个 Shuffle 文件;而在第二批 Mapper 运行时,申请的 8 个 bucket 并不会再产生 8 个新的文件,而是追加写到之前的 8 个文件后面,这样一共就只有 8 个 Shuffle 文件,而在文件内部共有 16 个不同的 segment。因此从理论上讲 Shuffle consolidation 产生的 Shuffle 文件数量为 $C \times R$,其中 C 是 Spark 集群的 core number,R 是 Reducer 的个数。

很显然,当 $M=C$ 时,Shuffle consolidation 产生的文件数和之前的实现相同。

Shuffle consolidation 显著减少了 Shuffle 文件的数量,解决了 Spark 之前实现中一个比较严重的问题。但是 Writer handler 的 buffer 开销过大依然没有减少,若要减少 Writer handler 的 buffer 开销,只能减少 Reducer 的数量,但是这又会引入新的问题。

2. Shuffle Fetch 与 Aggregator

Shuffle Write 写出去的数据要被 Reducer 使用,就需要 Shuffle Fetch 将所需的数据 Fetch 过来。这里的 Fetch 操作包括本地和远端,因为 Shuffle 数据有可能一部分是存储在本地的。在早期版本中,Spark 对 Shuffle Fetcher 实现了两套不同的框架:NIO 通过 socket 连接 Fetch 数据；OIO 通过 netty server 去 fetch 数据。分别对应的类是 Basic-BlockFetcherIterator 和 NettyBlockFetcherIterator。

目前在 Spark1.5.0 中做了优化。新版本定义了类 ShuffleBlockFetcherIterator 来完成数据的 fetch。对于 local 的数据，ShuffleBlockFetcherIterator 会通过 local 的 BlockManager 来 fetch。对于远端的数据块，它通过 BlockTransferService 类来完成。具体实现参见如下代码：

```
[ShuffleBlockFetcherIterator.scala]
/* fetch local 数据块 */
private[this] def fetchLocalBlocks() {
    val iter = localBlocks.iterator
    while (iter.hasNext) {
    val blockId = iter.next()
    try {
      /* 通过 blockManager 来 fetch 数据 */
      val buf = blockManager.getBlockData(blockId)
      shuffleMetrics.incLocalBlocksFetched(1)
      shuffleMetrics.incLocalBytesRead(buf.size)
      buf.retain()
      results.put(new SuccessFetchResult(blockId, blockManager.blockManagerId,
      0, buf))
    } catch {
      case e: Exception =>
        // If we see an exception, stop immediately.
        logError(s"Error occurred while fetching local blocks", e)
        results.put(new FailureFetchResult(blockId, blockManager.blockManagerId, e))
        return
      }
    }
}

/* 发送请求获取远端数据 */
private[this] def sendRequest(req: FetchRequest) {
    /* 请求格式 */
    logDebug("Sending request for %d blocks (%s) from %s".format(
    req.blocks.size, Utils.bytesToString(req.size), req.address.hostPort))
    bytesInFlight += req.size

    // so we can look up the size of each blockID
    val sizeMap = req.blocks.map { case (blockId, size) => (blockId.toString,
    size) }.toMap
    val blockIds = req.blocks.map(_._1.toString)
```

```
      val address = req.address

      /* fetch 数据 */
      shuffleClient.fetchBlocks(address.host, address.port, address.executorId,
      blockIds.toArray,
      new BlockFetchingListener {
          override def onBlockFetchSuccess(blockId: String, buf: ManagedBuffer):
          Unit = {
              // Only add the buffer to results queue if the iterator is not zombie,
              // i.e. cleanup() has not been called yet.
              if (!isZombie) {
                  // Increment the ref count because we need to pass this to a
                  different thread.
                  // This needs to be released after use.
                  buf.retain()

                  /* fetch 请求成功 */
                  results.put(new SuccessFetchResult(BlockId(blockId), address,
                  sizeMap(blockId), buf))
                  shuffleMetrics.incRemoteBytesRead(buf.size)
                  shuffleMetrics.incRemoteBlocksFetched(1)
              }
              ……

          }

          override def onBlockFetchFailure(blockId: String, e: Throwable):
          /* fetch 失败 */
          ……
      }

}
```

在 MapReduce 的 Shuffle 过程中，Shuffle fetch 过来的数据会进行归并排序（merge sort），使得相同 key 下的不同 value 按序归并到一起供 Reducer 使用，这个过程如图 3-13 所示：

这些归并排序都是在磁盘上进行的，这样做虽然有效地控制了内存使用，但磁盘 IO 却大幅增加了。虽然 Spark 属于 MapReduce 体系，但是对传统的 MapReduce 算法进行了一定的改变。Spark 假定在大多数应用场景下，Shuffle 数据的排序不是必须的，如 word count。强制进行排序只会使性能变差，因此 Spark 并不在 Reducer 端做归并排序。既然没有归并排序，那 Spark 是如何进行 reduce 的呢？这就涉及下面要讲的 Shuffle

Aggregator 了。

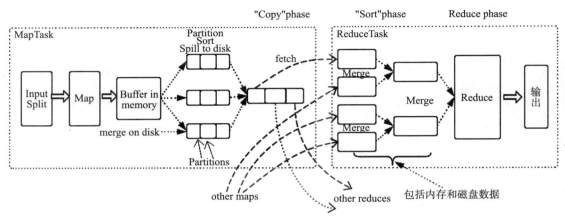

图 3-13　Fetch merge

Aggregator 本质上是一个 hashmap，它是以 map output 的 key 为 key，以任意所要 combine 的类型为 value 的 hashmap。

在做 word count reduce 计算 count 值时，它会将 Shuffle fetch 到的每一个 key-value 对更新或是插入 hashmap 中（若在 hashmap 中没有查找到，则插入其中；若查找到，则更新 value 值）。这样就不需要预先把所有的 key-value 进行 merge sort，而是来一个处理一个，省去了外部排序这一步骤。但同时需要注意的是，reducer 的内存必须足以存放这个 partition 的所有 key 和 count 值，因此对内存有一定的要求。

在上面 word count 的例子中，因为 value 会不断地更新，而不需要将其全部记录在内存中，因此内存的使用还是比较少的。考虑一下如果是 groupByKey 这样的操作，Reducer 需要得到 key 对应的所有 value。在 Hadoop MapReduce 中，由于有了归并排序，因此给予 Reducer 的数据已经是 group by key 了，而 Spark 没有这一步，因此需要将 key 和对应的 value 全部存放在 hashmap 中，并将 value 合并成一个 array。可以想象为了能够存放所有数据，用户必须确保每一个 partition 小到内存能够容纳，这对于内存是非常严峻的考验。因此在 Spark 文档中，建议用户涉及这类操作时尽量增加 partition，也就是增加 Mapper 和 Reducer 的数量。

增加 Mapper 和 Reducer 的数量固然可以减小 partition 的大小，使内存可以容纳这个 partition。但是在 Shuffle write 中提到，bucket 和对应于 bucket 的 write handler 是由 Mapper 和 Reducer 的数量决定的，task 越多，bucket 就会增加得更多，由此带来 write handler 所需的 buffer 也会更多。在一方面我们为了减少内存的使用采取了增加 task 数量的策略，另一方面 task 数量增多又会带来 buffer 开销更大的问题，因此陷入了内存使用的两难境地。

为了减少内存的使用，只能将 Aggregator 的操作从内存移到磁盘上进行，因此 Spark 新版本中提供了外部排序的实现，以解决这个问题。

Spark 将需要聚集的数据分为两类：不需要归并排序和需要归并排序的数据。对于前者，在内存中的 AppendOnlyMap 中对数据聚集。对于需要归并排序的数据，现在内存中进行聚集，当内存数据达到阈值时，将数据排序后写入磁盘。事实上，磁盘上的数据只是全部数据的一部分，最后将磁盘数据全部进行归并排序和聚集。具体 Aggregator 的逻辑可以参见 Aggregator 类的实现。

```
@DeveloperApi
case class Aggregator[K, V, C] (
    createCombiner: V => C,
    mergeValue: (C, V) => C,
    mergeCombiners: (C, C) => C) {

  // 是否外部排序
  private val isSpillEnabled = SparkEnv.get.conf.getBoolean("spark.shuffle.spill", true)

  @deprecated("use combineValuesByKey with TaskContext argument", "0.9.0")
  def combineValuesByKey(iter: Iterator[_ <: Product2[K, V]]): Iterator[(K, C)] =
    combineValuesByKey(iter, null)

  def combineValuesByKey(iter: Iterator[_ <: Product2[K, V]],
                         context: TaskContext): Iterator[(K, C)] = {
    if (!isSpillEnabled) {

      /* 创建 AppendOnlyMap 对象存储了 combine 集合，每个 combine 是一个 Key 及对应 Key 的元
      素 Seq */
      val combiners = new AppendOnlyMap[K, C]
      var kv: Product2[K, V] = null
      val update = (hadValue: Boolean, oldValue: C) => {

        /* 检查是否处理的是第一个元素，如果是则先创建集合结构，如果不是则直接插入 */
        if (hadValue) mergeValue(oldValue, kv._2) else createCombiner(kv._2)
      }
      while (iter.hasNext) {
        kv = iter.next()
```

```
            /* 当不采用外排时，利用 AppendOnlyMap 结构存储数据 */
            combiners.changeValue(kv._1, update)
        }
        combiners.iterator
    } else {
        val combiners = new ExternalAppendOnlyMap[K, V, C](createCombiner,
            mergeValue, mergeCombiners)
        /* 如果采用外排时，使用 ExternalAppendOnlyMap 结构存储聚集数据 */
        combiners.insertAll(iter)
        updateMetrics(context, combiners)
        combiners.iterator
```
……

本节就 Shuffle 的概念与原理先介绍到这里。在下一章讲解 Spark 源码时，会对 Shuffle 的核心机制——Shuffle 存储做代码层面的讲解。相信学习完本章和第 4 章的 Shuffle 存储机制后，读者会对 Shuffle 机制掌握得更加深入。

3.7 本章小结

本章主要讲述了 Spark 的工作机制与原理。首先剖析了 Spark 的提交和执行时的具体机制，重点强调了 Spark 程序的宏观执行过程：提交后的 Job 在 Spark 中形成了 RDD DAG（有向无环图），然后进入一系列切分调度的过程。在剖析过程中，结合 Spark 的源码呈现了这些调度过程的代码细节。本章后半部分接着剖析了 Spark 的存储及 IO、Spark 通信机制，最后讲述了 Spark 的容错机制及 Shuffle 机制。本章内容比较多，希望读者仔细体会。

第 4 章 Chapter 4

深入 Spark 内核

Spark 在 BDAS 生态系统中处于核心地位,其他相关组件通过 Spark 实现对分布式并行处理任务程序的支持。本章试着从 Spark 内核代码实现方面,来进一步剖析 Spark,以加深读者对 Spark 设计思想与实现细节的理解。

4.1 Spark 代码布局

4.1.1 Spark 源码布局简介

图 4-1 列出了 Spark 的代码结构及包含的重点功能模块。通过图 4-1,可以对 Spark 的主要构成及代码布局形成直观的印象。这些模块也构成了 Spark 架构中的功能组件。根据 Spark 的代码布局,读者可以自行查阅源码,这对于掌握 Spark 的实现细节,加深对 Spark 实现机制的理解都是非常有必要的。

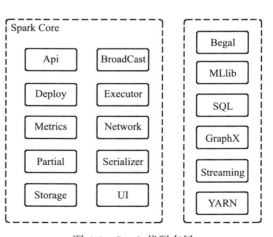

图 4-1 Spark 代码布局

4.1.2 Spark Core 内模块概述

下面一一介绍 Spark Core 中重点组成模块的功能。

1）Api：Java、Python 及 R 语言 API 的实现。

2）BroadCast：包含广播变量的实现。

3）Deploy：Spark 部署与启动运行的实现。

4）Executor：Worker 节点负责计算部分的实现。

5）Metrics：运行时状态监控的实现。

6）Network：集群通信实现。

7）Partial：近似评估代码。

8）Serializer：序列化模块。

9）Storage：存储模块。

10）UI：监控界面的代码逻辑实现。

4.1.3 Spark Core 外模块概述

下面是 Spark Core 以外的其他模块。

1）Begal：Pregel 是 Google 的图计算框架，Begal 是基于 Spark 的轻量级 Pregel 实现。

2）MLlib：机器学习算法库。

3）SQL：SQL on Spark，提供大数据上的查询功能。

4）GraphX：图计算模块的实现。

5）Streaming：流处理框架 Spark Streaming 的实现。

6）YARN：Spark on YARN 的部分实现。

4.2 Spark 执行主线 [RDD → Task] 剖析

在前面一章中详细讲过，当 Action 算子被调用之后，Spark 作业就开始进入切分调度执行的几个重点执行阶段，具体如图 4-2 所示，此处不再赘述。

在 Spark 中，Job 作业从提交到切分成 Task 在 Worker 节点上执行的这个过程可以称为 Spark 执行主线，这条主线是理解 Spark 原理的重点。前面几章主要从原理的层面揭示了 Job 提交之后会发生什么。本节将带领读者从源码层面深入剖析这条执行主线。通过本节，读者势必会对 Spark 的重点部分理解得更加深入。

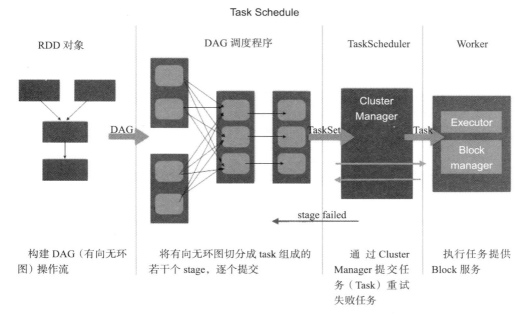

图 4-2 Spark 执行主要阶段

4.2.1 从 RDD 到 DAGScheduler

因为 Action 算子会触发 Job 的提交，所以下面还是以 count 函数为例来剖析整个执行主线。注：[] 中为代码片段所在文件名。

```
[org.apache.spark.rdd.RDD]
[RDD.scala]
/**
 * Return the number of elements in the RDD.
 */
def count(): Long = sc.runJob(this, Utils.getIteratorSize _).sum
```

很明显，在 count 函数中调用了 runJob，runJob 函数的实现位于 org.apache.spark.SparkContext 类中。

```
[SparkContext.scala]

def runJob[T, U: ClassTag](
```

```
    rdd: RDD[T],
    func: (TaskContext, Iterator[T]) => U,
    partitions: Seq[Int],
    resultHandler: (Int, U) => Unit): Unit = {
       if (stopped.get()) {
         throw new IllegalStateException("SparkContext has been shutdown")
       }
       val callSite = getCallSite
       val cleanedFunc = clean(func)
       logInfo("Starting job: " + callSite.shortForm)
       if (conf.getBoolean("spark.logLineage", false)) {
         logInfo("RDD's recursive dependencies:\n" + rdd.toDebugString)
       }
    /* 注意! 从此处进入 DAGScheduler 阶段 */
    dagScheduler.runJob(rdd, cleanedFunc, partitions, callSite, resultHandler,
    localProperties.get)
    progressBar.foreach(_.finishAll())
    rdd.doCheckpoint()
}
```

从上述 SparkContext.scala 的 runJob 实现可以发现,其中调用了 org.apache.spark.scheduler.DAGScheduler 类中的 runJob 函数,说明 RDD Graph 处理完成,进入了 DAGScheduler 的处理阶段。

4.2.2 从 DAGScheduler 到 TaskScheduler

下面介绍进入 DAGScheduler 之后的处理阶段,限于篇幅,在代码部分省略了部分不太重要的代码,读者在阅读本章后,可以使用 IntellijIDEA 阅读更完整的代码,以便更深入地理解。

```
[DAGScheduler.scala]
def runJob[T, U](
  rdd: RDD[T],
  func: (TaskContext, Iterator[T]) => U,
  partitions: Seq[Int],
  callSite: CallSite,
  resultHandler: (Int, U) => Unit,
  properties: Properties): Unit = {
   val start = System.nanoTime

   //注意! 这里继续调用了同一文件中的 submitJob 函数
   val waiter = submitJob(rdd, func, partitions, callSite, resultHandler,
```

```
    properties)
  waiter.awaitResult() match {
     case JobSucceeded =>
         ......
     case JobFailed(exception: Exception) =>
         ......
    ......
  }
}


def submitJob[T, U](
  rdd: RDD[T],
  func: (TaskContext, Iterator[T]) => U,
  partitions: Seq[Int],
  callSite: CallSite,
  resultHandler: (Int, U) => Unit,
  properties: Properties): JobWaiter[U] = {
  // Check to make sure we are not launching a task on a partition that does
  not exist.
  val maxPartitions = rdd.partitions.length
  partitions.find(p => p >= maxPartitions || p < 0).foreach { p =>
      ......
  }

  val jobId = nextJobId.getAndIncrement()
  ......

  assert(partitions.size > 0)
  val func2 = func.asInstanceOf[(TaskContext, Iterator[_]) => _]
  val waiter = new JobWaiter(this, jobId, partitions.size, resultHandler)

  // 注意，此处为 Spark1.5.0 中通信机制的新实现，发送 JobSubmitted 消息
  eventProcessLoop.post(JobSubmitted(
     jobId, rdd, func2, partitions.toArray, callSite, waiter,
     SerializationUtils.clone(properties)))
  waiter
}
```

下面列出接收 JobSubmitted 消息后的处理。

```
private def doOnReceive(event: DAGSchedulerEvent): Unit = event match {
   // 处理消息 JobSubmitted
   case JobSubmitted(jobId, rdd, func, partitions, callSite, listener,
   properties) =>
```

```
    // 调用 handleJobSubmitted 函数
    dagScheduler.handleJobSubmitted (jobId, rdd, func, partitions, callSite,
        listener, properties)
  case ……
  ……
```

在处理 JobSubmitted 的代码中，可以看到 Spark 继续调用了同一文件中的 handleJobSubmitted 函数。下面列出该函数的重点代码片段，为了突出重点，略去了部分无关代码。

```
private[scheduler] def handleJobSubmitted(jobId: Int,
  finalRDD: RDD[_],
  func: (TaskContext, Iterator[_]) => _,
  partitions: Array[Int],
  callSite: CallSite,
  listener: JobListener,
  properties: Properties) {

  var finalStage: ResultStage = null
  try {

    // 将最后一个 stage 切分出来作为 finalStage
    finalStage = newResultStage(finalRDD, func, partitions, jobId, callSite)
  } catch {
  ……
  }

  val job = new ActiveJob(jobId, finalStage, callSite, listener, properties)
  clearCacheLocs()
  logInfo("Got job %s (%s) with %d output partitions".format(job.jobId,
    callSite.shortForm, partitions.length))

  logInfo("Final stage: " + finalStage + " (" + finalStage.name + ")")
  logInfo("Parents of final stage: " + finalStage.parents)

  // 检验 finalStage 是否有依赖的父辈 stage 未被计算完成
  logInfo("Missing parents: " + getMissingParentStages(finalStage))

  val jobSubmissionTime = clock.getTimeMillis()
  jobIdToActiveJob(jobId) = job
  activeJobs += job
  finalStage.resultOfJob = Some(job)
  val stageIds = jobIdToStageIds(jobId).toArray
  ……

  // 提交 finalStage
```

```
      submitStage(finalStage)

      submitWaitingStages()
}
```

下面看看 finalStage 被提交之后，Spark 的处理逻辑。

```
private def submitStage(stage: Stage) {
    val jobId = activeJobForStage(stage)
    if (jobId.isDefined) {

      ……

      if (!waitingStages(stage) && !runningStages(stage) && !failedStages(stage))
      {
         val missing = getMissingParentStages(stage).sortBy(_.id)
         logDebug("missing: " + missing)
         if (missing.isEmpty) {
            ……
            // 如果 stage 所有依赖的父辈 stage 已结算完成，则直接提交 stage
            submitMissingTasks(stage, jobId.get)
         } else {
            for (parent <- missing) {

              // 如果 stage 依赖的父辈 stage 未被计算完成，则递归调用本函数
              submitStage(parent)
            }
            waitingStages += stage
            ……
}
```

在上面的程序片段中，最后调用了 submitMissingTasks 函数提交 stage。由下面的程序片段可以看出，此时 DAGScheduler 将 task 的调度交给了 TaskScheduler，调用 TaskSchedule 中的 submitTasks 函数将 task 数组封装为 TaskSet 对象，然后提交 TaskSet。具体如下：

```
private def submitMissingTasks(stage: Stage, jobId: Int) {
    logDebug("submitMissingTasks(" + stage + ")")
    // Get our pending tasks and remember them in our pendingTasks entry
    stage.pendingPartitions.clear()
    ……

    if (tasks.size > 0) {
      logInfo("Submitting " + tasks.size + " missing tasks from " + stage + " ("
      + stage.rdd + ")")
```

```
            stage.pendingPartitions ++= tasks.map(_.partitionId)
            logDebug("New pending partitions: " + stage.pendingPartitions)

            // 注意! 这里进入了 task scheduler 阶段来提交 TaskSet
            taskScheduler.submitTasks(new TaskSet(tasks.toArray, stage.id, stage.
            latestInfo.attemptId, stage.firstJobId, properties))
            ……
```

```
--------------------------
[TaskSchedulerImpl.scala]
--------------------------
override def submitTasks(taskSet: TaskSet) {
    val tasks = taskSet.tasks
    logInfo("Adding task set " + taskSet.id + " with " + tasks.length + "
    tasks")
    this.synchronized {
       // 生成 TaskSetManager 来执行 taskset 内的调度
       val manager = createTaskSetManager(taskSet, maxTaskFailures)
       val stage = taskSet.stageId
       val stageTaskSets = taskSetsByStageIdAndAttempt.getOrElseUpdate(stage,
       new HashMap[Int, TaskSetManager])
       stageTaskSets(taskSet.stageAttemptId) = manager

       ……

       // 注意! 在这里请求执行的计算资源
       backend.reviveOffers()

}
```

上面 submitTasks 函数中最后调用了 org.apache.spark.scheduler.cluster.CoarseGrainedSchedulerBackend 类中的 reviveOffers 函数来请求计算资源,下面列出该函数的实现。

```
[CoarseGrainedSchedulerBackend.scala]

override def reviveOffers() {
    // 这里发送了 ReviveOffers 的消息
    driverEndpoint.send(ReviveOffers)
}
```

下面继续追寻 ReviveOffers 消息的处理逻辑,具体如下:

```
[CoarseGrainedSchedulerBackend.scala]
```

```scala
override def receive: PartialFunction[Any, Unit] = {
  case StatusUpdate(executorId, taskId, state, data) =>
    scheduler.statusUpdate(taskId, state, data.value)
    if (TaskState.isFinished(state)) {
      executorDataMap.get(executorId) match {
        case Some(executorInfo) =>
          executorInfo.freeCores += scheduler.CPUS_PER_TASK
          makeOffers(executorId)
        case None =>
          // Ignoring the update since we don't know about the executor.
          logWarning(s"Ignored task status update ($taskId state $state) " +
            s"from unknown executor with ID $executorId")
      }
    }

  case ReviveOffers =>
    // 注意！调用 makeOffers 函数来处理 ReviveOffers 消息
    makeOffers()

  case KillTask =>
    ......



private def makeOffers() {
  // Filter out executors under killing
  val activeExecutors = executorDataMap.filterKeys(!executorsPendingToRemove.contains(_))

  // 获取可用的计算资源
  val workOffers = activeExecutors.map { case (id, executorData) =>
    new WorkerOffer(id, executorData.executorHost, executorData.freeCores)
  }.toSeq

  // 启动 task
  launchTasks(scheduler.resourceOffers(workOffers))
}

private def launchTasks(tasks: Seq[Seq[TaskDescription]]) {
  for (task <- tasks.flatten) {
    val serializedTask = ser.serialize(task)
    if (serializedTask.limit >= akkaFrameSize - AkkaUtils.reservedSizeBytes) {
      scheduler.taskIdToTaskSetManager.get(task.taskId).foreach { taskSetMgr =>
        try {
          ......
    ......
```

```
    }
    else {
      val executorData = executorDataMap(task.executorId)
      executorData.freeCores -= scheduler.CPUS_PER_TASK

      // 注意！发送 LaunchTask 消息来执行启动 task 操作
      executorData.executorEndpoint.send(LaunchTask(new SerializableBuffer(ser
      ializedTask)))
    }
  }
}
```

4.2.3 从 TaskScheduler 到 Worker 节点

在上面程序片段中，launchTasks 函数最后发送 LaunchTask 消息来完成对 task 的启动操作，具体在 org.apache.spark.executor.Executor 中完成。下面给出 Executor.scala 中的重点相关程序片段。

```
[Executor.scala]

private[spark] class Executor(
    executorId: String,
    executorHostname: String,
    env: SparkEnv,
    userClassPath: Seq[URL] = Nil, isLocal: Boolean = false)
extends Logging {

……

    // 启动 Worker 节点上的 thread pool
    private val threadPool = ThreadUtils.newDaemonCachedThreadPool("Executor
    task launch worker")
    private val executorSource = new ExecutorSource(threadPool, executorId)
……

def launchTask(
    context: ExecutorBackend,
    taskId: Long,
    attemptNumber: Int,
    taskName: String,
    serializedTask: ByteBuffer): Unit = {

    // 将 task 包装成 TaskRunner
```

```
val tr = new TaskRunner(context, taskId = taskId, attemptNumber =
    attemptNumber, taskName, serializedTask)

// 将 TaskRunner 加入 running task list
runningTasks.put(taskId, tr)

//threadpool 执行该 task
threadPool.execute(tr)
}
```

至此，从 Job 提交到最终 task 在 Worker 节点上执行的主线已剖析完。

4.3 Client、Master 和 Worker 交互过程剖析

4.3.1 交互流程概览

在上一节沿着作业从提交到切分成 task 在 Worker 节点上执行的一条主线来剖析了相关代码。本节将带领读者从另一个角度，即 Client、Master 和 Worker 之间交互的角度来剖析代码。交互细节如图 4-3 所示。

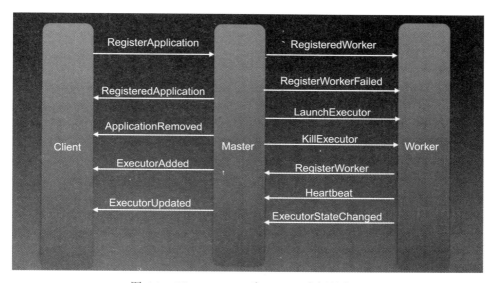

图 4-3 Client、Master 和 Worker 之间的交互

4.3.2 交互过程调用

下面继续从 org.apache.spark.SparkContext 类中的启动调用序列看起。

```
[SparkContext.scala]
......
// start TaskScheduler after taskScheduler sets DAGScheduler reference in DAGScheduler's
// constructor
// 启动 task scheduler
_taskScheduler.start()
......
```

TaskScheduler 的 start 函数实现在 org.apache.spark.scheduler.TaskSchedulerImpl 类中。

```
[TaskSchedulerImpl.scala]
......
override def start() {
    // 启动 backend
    backend.start()
......
```

上面提及的 backend 的启动实现关键代码位于 org.apache.spark.scheduler.cluster.SparkDeploySchedulerBackend 中,具体如下:

```
[SparkDeploySchedulerBackend.scala]
......
override def start() {
    super.start()
    launcherBackend.connect()
    ......

    client = new AppClient(sc.env.rpcEnv, masters, appDesc, this, conf)
    // 生成并启动 Client
    client.start()
```

org.apache.spark.deploy.client.AppClient 的启动及关键部分代码如下:

```
[AppClient.scala]
......
def start() {
    // 生成 ClientEndpoint 对象,并启动 rpcEndpoint
    endpoint = rpcEnv.setupEndpoint("AppClient", new ClientEndpoint(rpcEnv))
}
```

[ClientEndpoint 类的部分实现]

```
override def onStart(): Unit = {
  try {

    // 向 Master 注册
    registerWithMaster(1)
  } catch {
    ……
```

其中，registerWithMaster 调用 tryRegisterAllMasters 函数来完成注册，代码如下：

[AppClient.scala]
```
……
private def registerWithMaster(nthRetry: Int) {
    // 调用 tryRegisterAllMasters 实现
    registerMasterFutures = tryRegisterAllMasters()
……

private def tryRegisterAllMasters(): Array[JFuture[_]] = {
    ……
    val masterRef = rpcEnv.setupEndpointRef(Master.SYSTEM_NAME, masterAddress,
    Master.ENDPOINT_NAME)

    //AppClient 向 Master 发送 RegisterApplication 消息
    masterRef.send(RegisterApplication(appDescription, self))
```

下面看看 org.apache.spark.deploy.master.Master 收到消息之后执行了那些操作。

[Master.scala]
```
……
// 注册 Application
case RegisterApplication(description, driver) => {
  // TODO Prevent repeated registrations from some driver
  if (state == RecoveryState.STANDBY) {
    // ignore, don't send response
  } else {
    logInfo("Registering app " + description.name)
    val app = createApplication(description, driver)

    // 注册 application
    registerApplication(app)
    logInfo("Registered app " + description.name + " with ID " + app.id)
```

```
        // 持久化 app 的元数据信息，可以选择持久化到哪里，或者不持久化
        persistenceEngine.addApplication(app)
        driver.send(RegisteredApplication(app.id, self))

        // 执行调度为待分配资源的 Application 分配资源，注意在每次有新的 Application 加入或者新
        的资源加入时都会调用 schedule 进行调度
        schedule()
    }
}


private def schedule(): Unit = {
    if (state != RecoveryState.ALIVE) { return }
    // Drivers take strict precedence over executors
    val shuffledWorkers = Random.shuffle(workers) // Randomization helps balance drivers
    // 注意这里的条件
    for (worker <- shuffledWorkers if worker.state == WorkerState.ALIVE) {
        for (driver <- waitingDrivers) {
            if (worker.memoryFree >= driver.desc.mem && worker.coresFree >= driver.desc.cores) {
                launchDriver(worker, driver)
                waitingDrivers -= driver
            }
        }
    }
    // 启动 Executor
    startExecutorsOnWorkers()
}
```

schedule() 为处于待分配资源的 Application 分配资源。在每次有新的 Application 加入或者新的资源加入时，都会调用 Schedule 进行调度。为 Application 分配资源选择 worker (executor)，一般有两种策略：

1）尽量打散：即一个 Application 尽可能多地分配到不同的节点。这个可以通过设置 spark.deploy.spreadOut 来实现，默认值为 true，即尽量打散。

2）尽量集中：即一个 Application 尽量分配到尽可能少的节点。

对于同一个 Application，它在一个 Worker 上只能拥有一个 Executor，但这个 Executor 可能拥有多于 1 个的 core。

下面看看 launchExector 的代码实现。

[Master.scala]

```
private def launchExecutor(worker: WorkerInfo, exec: ExecutorDesc): Unit = {
    logInfo("Launching executor " + exec.fullId + " on worker " + worker.id)
    // 更新 worker 的信息，可用 core 数和 memory 数减去本次分配的 executor 占用的
    worker.addExecutor(exec)

    // 向 worker 节点发送 LaunchExecutor 消息请求启动 Executor
    worker.endpoint.send(LaunchExecutor(masterUrl, exec.application.id, exec.
      id, exec.application.desc, exec.cores, exec.memory))

    // 通知 AppClient 已添加了 Executor
    exec.application.driver.send(ExecutorAdded(exec.id, worker.id, worker.
      hostPort, exec.cores, exec.memory))
}
```

下面继续剖析 Worker 节点收到消息后的主要操作，代码片段如下：

```
[worker.scala]
……
override def receive: PartialFunction[Any, Unit] = synchronized {
……

// 处理 LaunchExecutor 消息
case LaunchExecutor(masterUrl, appId, execId, appDesc, cores_, memory_) =>

  if (masterUrl != activeMasterUrl) {
    logWarning("Invalid Master (" + masterUrl + ") attempted to launch
      executor.")
  } else {

    ……

    // 创建 executor 工作目录
    val executorDir = new File(workDir, appId + "/" + execId)
    if (!executorDir.mkdirs()) {
      throw new IOException("Failed to create directory " + executorDir)
    }
……

    // 包装成 ExecutorRunner
    val manager = new ExecutorRunner(
        appId,
        execId,
        appDesc.copy(command = Worker.maybeUpdateSSLSettings(appDesc.command,
          conf)),
        cores_,
```

```
        memory_,
        self,
        workerId,
        host,
        webUi.boundPort,
        publicAddress,
        sparkHome,
        executorDir,
        workerUri,
        conf,
        appLocalDirs, ExecutorState.LOADING)
    executors(appId + "/" + execId) = manager

    // 启动 ExecutorRunner
    manager.start()

    // 累计资源使用量
    coresUsed += cores_
    memoryUsed += memory_

    // 向 Master 发 ExecutorStateChanged 消息
    sendToMaster(ExecutorStateChanged(appId, execId, manager.state, None, None))
    ……
```

由上面程序解析可以看出，Worker 接到来自 Master 的 LaunchExecutor 的消息后，会创建 org.apache.spark.deploy.worker.ExecutorRunner。Worker 会记录本身资源的使用情况，包括已经使用的 CPU core 数、memory 等，但是这个统计只是为了展现 web UI。Master 本身会记录 Worker 的资源使用情况，无须 Worker 汇报。Worker 与 Master 之间的心跳仅仅是为了报活，不会携带其他的信息。

下面深入 ExecutorRunner 类，分析 start 函数的实现。

```
private[worker] def start() {
    // 创建 thread，其中 run 函数调用了 fetchAndRunExecutor 函数实现
    workerThread = new Thread("ExecutorRunner for " + fullId) {
        override def run() { fetchAndRunExecutor() }
    }
    // 启动 thread
    workerThread.start()
    // Shutdown hook that kills actors on shutdown.
    shutdownHook = ShutdownHookManager.addShutdownHook { () =>
        killProcess(Some("Worker shutting down")) }
}
```

```scala
private def fetchAndRunExecutor() {
try {
  // Launch the process
  val builder = CommandUtils.buildProcessBuilder(appDesc.command, new
  SecurityManager(conf),
    memory, sparkHome.getAbsolutePath, substituteVariables)
  val command = builder.command()
  val formattedCommand = command.asScala.mkString("\"", "\" \"", "\"")
  logInfo(s"Launch command: $formattedCommand")

  builder.directory(executorDir)
  builder.environment.put("SPARK_EXECUTOR_DIRS", appLocalDirs.mkString(File.
  pathSeparator))
  // In case we are running this from within the Spark Shell, avoid creating a
  "scala"
  // parent process for the executor command
  builder.environment.put("SPARK_LAUNCH_WITH_SCALA", "0")

  // Add webUI log urls
  val baseUrl =
    s"http://$publicAddress:$webUiPort/logPage/?appId=$appId&executorId=$execI
    d&logType="
  builder.environment.put("SPARK_LOG_URL_STDERR", s"${baseUrl}stderr")
  builder.environment.put("SPARK_LOG_URL_STDOUT", s"${baseUrl}stdout")

  //启动进程process
  process = builder.start()
  val header = "Spark Executor Command: %s\n%s\n\n".format(
    formattedCommand, "=" * 40)

  // Redirect its stdout and stderr to files
  val stdout = new File(executorDir, "stdout")
  stdoutAppender = FileAppender(process.getInputStream, stdout, conf)

  val stderr = new File(executorDir, "stderr")
  Files.write(header, stderr, UTF_8)
  stderrAppender = FileAppender(process.getErrorStream, stderr, conf)

  // Wait for it to exit; executor may exit with code 0 (when driver instructs
  it to shutdown)
  // or with nonzero exit code
  val exitCode = process.waitFor()
  state = ExecutorState.EXITED
  val message = "Command exited with code " + exitCode
```

```
// 发消息 ExecutorStateChanged 通知 Master 状态变更
worker.send(ExecutorStateChanged(appId, execId, state, Some(message),
Some(exitCode)))
```

至此，Executor 启动完成。类似地，读者可以自行阅读 Spark Core 代码，加深对 Spark 机制实现的理解。此处限于篇幅，不再详述。

4.4 Shuffle 触发

第 3 章介绍了 Shuffle 的基本概念与原理。下面从源码的角度，进一步剖析 Shuffle 的触发及其他重要知识点。

4.4.1 触发 Shuffle Write

通过前面章节的讲解，我们知道 Mapper 实际上是一个任务。在前面讲解 Spark 调度时讲过，DAG 调度器会在一个 Stage 内部划分任务。在实际过程中，会根据 Stage 的不同，得到 ResultTask 和 ShuffleMapTask 两类任务。ResultTask 会将计算结果返回给 Driver，ShuffleMapTask 则将结果传递给 Shuffle 依赖中的子 RDD，并将 RDD 划分为多个 buckets，这个操作基于 ShuffleDependency 中指定的 partitioner 来完成。所以这里先从 ShuffleMapTask 入手，来剖析 Mapper 的大致工作流程。请读者阅读如下代码：

```
private[spark] class ShuffleMapTask(
    stageId: Int,
    stageAttemptId: Int,
    taskBinary: Broadcast[Array[Byte]],
    partition: Partition,
    @transient private var locs: Seq[TaskLocation],
    internalAccumulators: Seq[Accumulator[Long]])
  extends Task[MapStatus](stageId, stageAttemptId, partition.index,
    internalAccumulators)  with Logging {

    ......

    override def runTask(context: TaskContext): MapStatus = {
        // Deserialize the RDD using the broadcast variable.
        val deserializeStartTime = System.currentTimeMillis()
        val ser = SparkEnv.get.closureSerializer.newInstance()
        val (rdd, dep) = ser.deserialize[(RDD[_], ShuffleDependency[_,
        _, _])](ByteBuffer.wrap(taskBinary.value), Thread.currentThread.
```

```
getContextClassLoader)_executorDeserializeTime = System.
currentTimeMillis() -deserializeStartTime

metrics = Some(context.taskMetrics)
var writer: ShuffleWriter[Any, Any] = null
try {

    /* 从 ShuffleManager 实例中获取该 ShuffleWriter 对象 */
    val manager = SparkEnv.get.shuffleManager
    writer = manager.getWriter[Any, Any](dep.shuffleHandle,
    partitionId, context)

    /* 触发 shuffle 写操作 */
    writer.write(rdd.iterator(partition, context).asInstanceOf
    [Iterator[_ <: Product2[Any, Any]]])
    writer.stop(success = true).get
} catch {
    case e: Exception =>
    try {
      if (writer != null) {
         writer.stop(success = false)
      }
    } catch {
       case e: Exception =>
       log.debug("Could not stop writer", e)
    }
    throw e
  }
}

override def preferredLocations: Seq[TaskLocation] = preferredLocs

override def toString: String = "ShuffleMapTask(%d, %d)".format(stageId,
partitionId)
}
```

由于一个任务对应当前阶段末 RDD 内的一个分区，因此通过 rdd.iterator（partition, context）可以计算得到该分区的数据。然后执行 Shuffle Write（写操作），该操作由一个 ShuffleWriter 对象实例通过调用 write 接口完成，在上面代码段中已说明，Spark 从 ShuffleManager 实例中获取该 ShuffleWriter 对象。

在这部分的代码实现中，Spark 提供的 Shuffle 机制有两种，那么同样地，Shuffle-Manager 也有两个子类：HashShuffleManager 和 SortShuffleManager。

ShuffleManager 用于提供 ShuffleWriter 和 ShuffleReader，即 Shuffle 写过程和 Shuffle 读过程。那么同样地，HashShuffleManager 也提供 HashShuffleWriter 和 HashShuffleReader。相应地 SortShffleManager 提供了 SortShuffleWriter 和 HashShuffleReader（注意，并非 SortShuffleReader）。细心的读者也许已经发现，Hash Shuffle 和 Sort Shuffle 的唯一区别在于 Shuffle 写过程不同，它们读的过程是完全一样的。

4.4.2 触发 Shuffle Read

本节继续探索 Shuffle read（读操作）触发。在 Spark 实现中，聚合器中的三个方法是在 PairRDDFunctions.combineByKey 方法中指定的。事实上当新的 RDD 与旧的 RDD 二者分区器不同时，会生成一个 ShuffledRDD。下面给出 combineByKey 的代码实现。

```
def combineByKey[C](createCombiner: V => C,
    mergeValue: (C, V) => C,
    mergeCombiners: (C, C) => C,
    partitioner: Partitioner,
    mapSideCombine: Boolean = true,
    serializer: Serializer = null): RDD[(K, C)] = self.withScope {
      require(mergeCombiners != null, "mergeCombiners must be defined")
      if (keyClass.isArray) {
        if (mapSideCombine) {
          throw new SparkException("Cannot use map-side combining with array
            keys.")
        }
        if (partitioner.isInstanceOf[HashPartitioner]) {
          throw new SparkException("Default partitioner cannot partition  array
            keys.")
        }
      }
      val aggregator = new Aggregator[K, V, C](
        self.context.clean(createCombiner),
        self.context.clean(mergeValue),
        self.context.clean(mergeCombiners))
      if (self.partitioner == Some(partitioner)) {
        self.mapPartitions(iter => {
          val context = TaskContext.get()
          new InterruptibleIterator(context, aggregator.combineValuesByKey(iter,
            context))
        }, preservesPartitioning = true)
      } else {
```

```
        /* 分区器不同，此时产生了 ShuffledRDD */
        new ShuffledRDD[K, V, C](self, partitioner)
            .setSerializer(serializer)
            .setAggregator(aggregator)
            .setMapSideCombine(mapSideCombine)
    }
}
```

细心的读者看到这里可能想知道如何得知 ShuffledRDD 采取什么办法来获取分区数据。让我们来看看 ShuffledRDD 类的具体实现，代码片段如下：

```
/* ShuffledRDD.scala */

@DeveloperApi
class ShuffledRDD[K, V, C](
    @transient var prev: RDD[_ <: Product2[K, V]], part: Partitioner)
    extends RDD[(K, C)](prev.context, Nil) {

    ......

    /* 此处设定 RDD shuffle 的序列化器 */
    def setSerializer(serializer: Serializer): ShuffledRDD[K, V, C] = {
        this.serializer = Option(serializer)
        this
    }


    /* 设定 RDD shuffle 的 key 排序 */
    def setKeyOrdering(keyOrdering: Ordering[K]): ShuffledRDD[K, V, C] = {
        this.keyOrdering = Option(keyOrdering)
        this
    }


    /* 为 RDD shuffle 设定 aggregator*/
    def setAggregator(aggregator: Aggregator[K, V, C]): ShuffledRDD[K, V, C] = {
        this.aggregator = Option(aggregator)
        this
    }


    /* 为 RDD shuffle 设定 mapSideCombine flag */
    def setMapSideCombine(mapSideCombine: Boolean): ShuffledRDD[K, V, C] = {
        this.mapSideCombine = mapSideCombine
        this
```

```scala
    }

    override def getDependencies: Seq[Dependency[_]] = {
        List(new ShuffleDependency(prev, part, serializer, keyOrdering,
            aggregator, mapSideCombine))
    }

    override val partitioner = Some(part)

    override def getPartitions: Array[Partition] = {
        Array.tabulate[Partition](part.numPartitions)(i => new
        ShuffledRDDPartition(i))
    }

    /* 此处触发 shuffle read */
    override def compute(split: Partition, context: TaskContext): Iterator[(K,
    C)] = {

        val dep = dependencies.head.asInstanceOf[ShuffleDependency[K, V, C]]re
        SparkEnv.get.shuffleManager.getReader(dep.shuffleHandle, split.index,
        split.index + 1, context)
            .read()
            .asInstanceOf[Iterator[(K, C)]]
    }

    override def clearDependencies() {
        super.clearDependencies()
        prev = null
    }
}
```

通过上述 ShuffledRDD 的具体代码实现可以看出，触发 Shuffle 读过程实际上与触发 Shuffle 写过程非常类似。二者首先从 ShuffleManager 中获取 ShuffleReader，然后通过调用 ShuffleReader 的 read 接口拉取（Shuffle Fetch）并计算特定分区中的数据。

4.5　Spark 存储策略

在 Spark 开发实践中，开发者免不了要和 RDD 打交道。Spark 应用即为通过调用 RDD 提供的各种 transformation 和 action 接口来实现。Spark 为了提高抽象层次，建立了 RDD 的概念，也因此在接口和实现之间降低了耦合，用户无须关心底层的实现。但是读者也许会问，RDD 提供给我们的仅仅是接口的调用，而操作的数据如何存放及访问？这部分的实现是怎么做的？这就需要涉及 Spark 存储机制。本节从 Spark 存储机制源码的角度做一些提纲挈领的剖析和探索。限于篇幅，如果读者要深入每一个细节，就要求读者深入阅读源码。

RDD 类是开发者执行具体操作的类，也是存储机制的入口。这中间涉及了 2 个重要的类，即 CacheManager 类和 BlockManager 类，这两个类概要介绍如下：

1）CacheManager 类：是 RDD 和实际查询之间的中间层。

❑ 将 RDD 的信息传递给 BlockManager。

❑ 保证每个节点不会重复读取 RDD，并提供并发控制。

2）BlockManager 类提供了实际的查询接口，通过 MemoryStore、DiskStore 和 TachyonStore 三个类管理具体的缓存位置。

实际上 RDD 中的 iterator 方法是缓存读取机制的入口。关于 iterator 的实现请参见如下代码序列：

```
final def iterator(split: Partition, context: TaskContext): Iterator[T] = {
    if (storageLevel != StorageLevel.NONE) {
        /* 这里调用 cacheManager 的方法来查询 */
        SparkEnv.get.cacheManager.getOrCompute(this, split, context,
            storageLevel)
    } else {
        /* 重新计算 */
        computeOrReadCheckpoint(split, context)
    }
}
```

由上述代码实现不难发现，当存储级别不为 NONE 时，会以 Partition 为分片查询缓存，否则就调用 computeOrReadCheckpoint 重新计算。用 CacheManager 类的 getOrCompute 接口调用 BlockManager 类的 get 方法来获取数据。在 getOrCompute 函数中，顶层抽象中的 Partition 与底层的 Block 形成了联系。

下面进一步剖析这些存储机制相关的核心类。

4.5.1 CacheManager 职能

在 Spark 的存储机制实现中，RDD 在进行计算时，通过 CacheManager 来获取数据，并通过 CacheManager 来存储计算结果。CacheManager 负责将 RDD 的 partition 内容传递给 BlockManager，并且确保同一节点一次只会载入一次该 RDD。在前面所讲的 RDD 的

iterator 方法中,使用了 CacheManager 类的 getOrCompute 方法来执行缓存查询,本节以这个方法为入口,来探讨 CacheManager 的职能。

```scala
def getOrCompute[T](
    rdd: RDD[T],
    partition: Partition,
    context: TaskContext,
    storageLevel: StorageLevel): Iterator[T] = {

  val key = RDDBlockId(rdd.id, partition.index)
  logDebug(s"Looking for partition $key")
  blockManager.get(key) match {
    case Some(blockResult) =>

      /* 分区已包含数据,因此直接返回值即可 */
      val existingMetrics = context.taskMetrics
        .getInputMetricsForReadMethod(blockResult.readMethod)
      existingMetrics.incBytesRead(blockResult.bytes)

      val iter = blockResult.data.asInstanceOf[Iterator[T]]
      new InterruptibleIterator[T](context, iter) {
        override def next(): T = {
          existingMetrics.incRecordsRead(1)
          delegate.next()
        }
      }
    case None =>
      /* 获取载入分区的锁 */
      /* 如果其他线程已持有锁,那么等待它执行完成 */
      val storedValues = acquireLockForPartition[T](key)
      if (storedValues.isDefined) {
        return new InterruptibleIterator[T](context, storedValues.get)
      }

      /* 载入分区 */
      try {
        logInfo(s"Partition $key not found, computing it")
        val computedValues = rdd.computeOrReadCheckpoint(partition, context)

        /* 如果该任务在本地运行则不必保存结果 */
        if (context.isRunningLocally) {
          return computedValues
        }
```

```
        /* 缓存 value 并追踪 block 状态更新 */
        val updatedBlocks = new ArrayBuffer[(BlockId, BlockStatus)]
        val cachedValues = putInBlockManager(key, computedValues, storageLevel,
        updatedBlocks)
        val metrics = context.taskMetrics
        val lastUpdatedBlocks = metrics.updatedBlocks.getOrElse(Seq[(BlockId,
        BlockStatus)]())
        metrics.updatedBlocks = Some(lastUpdatedBlocks ++ updatedBlocks.toSeq)
        new InterruptibleIterator(context, cachedValues)

    } finally {
      loading.synchronized {
        loading.notifyAll()
        loading.remove(key)
      }
    }
  }
}
```

从上述代码片段可以看出，首先调用 RDDBlockId 方法将要查询的 Patition 转化成 BlockId，进而调用 BlockManager 类的 get 方法进行查询。如果查询成功，那么会把查询结果以 task 为单位储存起来。不难发现，即使储存级别不是 NONE，也有可能无法从缓存中查询到。另外，在查询过程中会出现并发，因此需要加锁。如果缓存未被命中，那么会调用 RDD 中的 computeOrReadCheckpoint 方法来计算。这里需要注意的是，如果 task 在本地运行，则直接返回计算结果，否则调用 putInBlockManager 上传缓存，同时跟踪缓存的 status 来保证缓存的一致性。下面继续探究 putInBlockManager 的实现逻辑，在代码实现的关键点上已经添加了注释来帮助读者理解。

```
private def putInBlockManager[T](
    key: BlockId,
    values: Iterator[T],
    level: StorageLevel,
    updatedBlocks: ArrayBuffer[(BlockId, BlockStatus)],
    effectiveStorageLevel: Option[StorageLevel] = None): Iterator[T] = {

  val putLevel = effectiveStorageLevel.getOrElse(level)
  if (!putLevel.useMemory) {

    /*
     * 如果存储级别不是在内存里，那么可以直接将计算结果以 iterator 的形式传给
     BlockManager，而非在内存中展开
     * 调用其 putIterator 方法进行储存，否则要先在 MemoryStore 类中注册
```

```
     * 储存结束后还要查询一下保证缓存成功
     * [注意] 此处的 putIterator 方法会在后面介绍 BlockManager 时详细介绍
     */
    updatedBlocks ++=
      blockManager.putIterator(key, values, level, tellMaster = true,
      effectiveStorageLevel)
    blockManager.get(key) match {
      case Some(v) => v.data.asInstanceOf[Iterator[T]]
      case None =>
        logInfo(s"Failure to store $key")
        throw new BlockException(key, s"Block manager failed to return cached
        value for $key!")
    }
} else {

    /*
     * 如果 RDD 缓存在内存中的话,那么不能直接传递 iterator,而是调用 putArray 方法将整个数
    组储存起来。
     * 因为将来这个 partition 可能会被再次查询之前从内存中删除,这样会导致迭代器失效
     * 另外要先在内存中注册,因为有可能出现内存空间不够的 OOM 异常。出现时会选择一个合适的
    partition
     * 落地到磁盘上。选择过程由 MemoryStore.unrollSafely 进行。
     * [注意] 此处调用的 putArray 方法会在后面详细介绍
     */

    blockManager.memoryStore.unrollSafely(key, values, updatedBlocks) match {
      case Left(arr) =>

        /* 已成功地展开整个 partition,因此缓存在了内存中 */
        updatedBlocks ++=
          blockManager.putArray(key, arr, level, tellMaster = true,
          effectiveStorageLevel)
        arr.iterator.asInstanceOf[Iterator[T]]
      case Right(it) =>

        /* 内存空间不够,无法在内存中缓存 partition */
        val returnValues = it.asInstanceOf[Iterator[T]]
        if (putLevel.useDisk) {
          logWarning(s"Persisting partition $key to disk instead.")
          val diskOnlyLevel = StorageLevel(useDisk = true, useMemory = false,
          useOffHeap = false, deserialized = false, putLevel.replication)
          putInBlockManager[T](key, returnValues, level, updatedBlocks,
          Some(diskOnlyLevel))
        } else {
```

```
            returnValues
        }
      }
    }
  }
```

4.5.2　BlockManager 职能

由上一节内容可以看出，CacheManager 在进行数据读取和存取时，主要是依赖 BlockManager 接口来操作，BlockManager 的职能是决定数据是从内存（MemoryStore），还是从磁盘（DiskStore）中获取，并且 BlockManager 类提供 getLocal 与 getRemote 方法，从本地或远程查询数据。在 getLocal 的实现中调用了 doGetLocal 方法，因此 getLocal 可以看作是 doGetLocal 的封装。

而 doGetLocal 会先通过 blockdId 获得 blockinfo，然后取出此 block 的存储级别，进而进入不同分支，如 memory、tachyon 或 disk。而 memory 和 tachyon 本质都是在内存中存储的，但 disk 分支在查询到结果后还会再判断这个 block 原来的存储级别是否是 memory。如果是，那么将这个 block 载入内存。下面来看看 do GetLocal 的代码实现。

```
private def doGetLocal(blockId: BlockId, asBlockResult: Boolean): Option[Any]
= {
  val info = blockInfo.get(blockId).orNull
  if (info != null) {
    info.synchronized {

      /* 检测 block 是否存在，在小概率情况下，它会被 removeBlock 删除
       * 即使用户有意删除 block，此处的条件分支依然可以通过
       * 但最终会由于找不到 block 而抛出异常
       */
      if (blockInfo.get(blockId).isEmpty) {
        logWarning(s"Block $blockId had been removed")
        return None
      }


      /* 如果有其他线程正在写该 block，那么等待 */
      if (!info.waitForReady()) {
        // If we get here, the block write failed.
        logWarning(s"Block $blockId was marked as failure.")
        return None
```

```scala
      }

      val level = info.level
      logDebug(s"Level for block $blockId is $level")


      /* 在内存中查找block */
      if (level.useMemory) {
        logDebug(s"Getting block $blockId from memory")
        val result = if (asBlockResult) {
          memoryStore.getValues(blockId).map(new BlockResult(_, DataReadMethod.
          Memory, info.size))
        } else {
          memoryStore.getBytes(blockId)
        }
        result match {
          case Some(values) =>
            return result
          case None =>
            logDebug(s"Block $blockId not found in memory")
        }
      }

      /* 在外部block store中查找block */
      if (level.useOffHeap) {
        logDebug(s"Getting block $blockId from ExternalBlockStore")
        if (externalBlockStore.contains(blockId)) {
          val result = if (asBlockResult) {
            externalBlockStore.getValues(blockId)
              .map(new BlockResult(_, DataReadMethod.Memory, info.size))
          } else {
            externalBlockStore.getBytes(blockId)
          }
          result match {
            case Some(values) =>
              return result
            case None =>
              logDebug(s"Block $blockId not found in ExternalBlockStore")
          }
        }
      }


      /* 在硬盘上查找block，必要时将其载入内存 */
      if (level.useDisk) {
```

```scala
      logDebug(s"Getting block $blockId from disk")
      val bytes: ByteBuffer = diskStore.getBytes(blockId) match {
        case Some(b) => b
        case None =>
          throw new BlockException(
            blockId, s"Block $blockId not found on disk, though it should be")
      }
      assert(0 == bytes.position())

      if (!level.useMemory) {

        /* 若 block 不该被保存在内存中，则直接返回 */
        if (asBlockResult) {
          return Some(new BlockResult(dataDeserialize(blockId, bytes),
            DataReadMethod.Disk, info.size))
        } else {
          return Some(bytes)
        }
      } else {

        /* 否则，在 memory store 中保存部分数据 */
        if (!level.deserialized || !asBlockResult) {

          /* 当 block 的存储级别包括 "memory serialized" 或当 block 应该在内存中被缓存
           * 为对象时
           * 在内存中保存部分字节 ( 只需要序列化的字节 )
           */
          memoryStore.putBytes(blockId, bytes.limit, () => {

            /* 当文件大于内存剩余空间时，触发 OOM。当无法将文件放入 memory store 时,
            copyForMemory 会被创建 */
            val copyForMemory = ByteBuffer.allocate(bytes.limit)
            copyForMemory.put(bytes)
          })
          bytes.rewind()
        }
        if (!asBlockResult) {
          return Some(bytes)
        } else {
          val values = dataDeserialize(blockId, bytes)
          if (level.deserialized) {

            /* 在返回结果之前先缓存 */
            val putResult = memoryStore.putIterator(
              blockId, values, level, returnValues = true, allowPersistToDisk
```

```
                = false)
            /* 当空间不够时，put 可能失败 */
            putResult.data match {
              case Left(it) =>
                return Some(new BlockResult(it, DataReadMethod.Disk, info.
                  size))
              case _ =>

                /* 当 value 被落地到硬盘时，抛出该异常 */
                throw new SparkException("Memory store did not return an
                  iterator!")
            }
          } else {
            return Some(new BlockResult(values, DataReadMethod.Disk, info.
              size))
          }
        }
      }
    }
  } else {
    logDebug(s"Block $blockId not registered locally")
  }
  None
}
```

在查询过程中，BlockManager 不会直接调用底层的查询函数，而是通过 MemoryStore、DiskStore 等管理类代理。getRemote 方法实际也是 doGetRemote 的包装。doGetRemote 的过程比较简单，就是先获得 blockinfo，然后查询自己在集群中的 locations，最后持续依照 locations 将 blockinfo 发送给远端，等待任一个远端返回数据之后查询结束。接下来看一下 put 相关方法，在前面我们发现向 BlockManager 提交存储调用了两个接口：putArray 和 putIerator。

事实上，两个函数都是 doPut 方法的简单封装，在它们的实现中调用了 doPut 方法，因此下面重点研究 doPut 方法的实现。

```
private def doPut(
    blockId: BlockId,
    data: BlockValues,
    level: StorageLevel,
    tellMaster: Boolean = true,
    effectiveStorageLevel: Option[StorageLevel] = None)
```

```scala
      : Seq[(BlockId, BlockStatus)] = {

    require(blockId != null, "BlockId is null")
    require(level != null && level.isValid, "StorageLevel is null or invalid")
    effectiveStorageLevel.foreach { level =>
      require(level != null && level.isValid, "Effective StorageLevel is null or
        invalid")
    }putInBlockManager

    val updatedBlocks = new ArrayBuffer[(BlockId, BlockStatus)]

    /* 依据block的存储级别而正确地将其落地到硬盘
     * 然而，除非我们对该block调用markReady
     * 否则其他线程无法对该block调用get方法
     */

    val putBlockInfo = {
      val tinfo = new BlockInfo(level, tellMaster)
      // Do atomically !
      val oldBlockOpt = blockInfo.putIfAbsent(blockId, tinfo)
      if (oldBlockOpt.isDefined) {
        if (oldBlockOpt.get.waitForReady()) {
          logWarning(s"Block $blockId already exists on this machine; not re-
            adding it")
          return updatedBlocks
        }

        oldBlockOpt.get
      } else {
        tinfo
      }
    }

    val startTimeMs = System.currentTimeMillis

    /* If we're storing values and we need to replicate the data, we'll want
     * access to the values, but because our put will read the whole iterator, there
     * will be no values left. For the case where the put serializes data, we'll
     * remember the bytes, above; but for the case where it doesn't, such as
     * deserialized storage, let's rely on the put returning an Iterator.
     */
    var valuesAfterPut: Iterator[Any] = null

    // Ditto for the bytes after the put
    var bytesAfterPut: ByteBuffer = null
```

```scala
/* block 的大小 ( 单位为 bytes)*/
var size = 0L

// The level we actually use to put the block
val putLevel = effectiveStorageLevel.getOrElse(level)

// If we're storing bytes, then initiate the replication before storing them
locally.
// This is faster as data is already serialized and ready to send.
val replicationFuture = data match {
  case b: ByteBufferValues if putLevel.replication > 1 =>
    // Duplicate doesn't copy the bytes, but just creates a wrapper
    val bufferView = b.buffer.duplicate()
    Future {
      // This is a blocking action and should run in futureExecutionContext
      which is a cached
      // thread pool
      replicate(blockId, bufferView, putLevel)
    }(futureExecutionContext)
  case _ => null
}

putBlockInfo.synchronized {
  logTrace("Put for block %s took %s to get into synchronized block"
    .format(blockId, Utils.getUsedTimeMs(startTimeMs)))

  var marked = false
  try {

    /* returnValues - 是否返回 values
     * blockStore   - 存放 values 的存储类型
     */
    val (returnValues, blockStore: BlockStore) = {
      if (putLevel.useMemory) {

        /* 先存在内存，即使设置 useDisk 为 true。内存容量不够时，将它存储到硬盘 */
        (true, memoryStore)
      } else if (putLevel.useOffHeap) {
        // Use external block store
        (false, externalBlockStore)
      } else if (putLevel.useDisk) {
        // Don't get back the bytes from put unless we replicate them
        (putLevel.replication > 1, diskStore)
      } else {
        assert(putLevel == StorageLevel.NONE)
```

```scala
      throw new BlockException(
        blockId, s"Attempted to put block $blockId without specifying
        storage level!")
    }
  }

  // Actually put the values
  val result = data match {
    case IteratorValues(iterator) =>
      blockStore.putIterator(blockId, iterator, putLevel, returnValues)
    case ArrayValues(array) =>
      blockStore.putArray(blockId, array, putLevel, returnValues)
    case ByteBufferValues(bytes) =>
      bytes.rewind()
      blockStore.putBytes(blockId, bytes, putLevel)
  }
  size = result.size
  result.data match {
    case Left (newIterator) if putLevel.useMemory => valuesAfterPut =
    newIterator
    case Right (newBytes) => bytesAfterPut = newBytes
    case _ =>
  }

  // Keep track of which blocks are dropped from memory
  if (putLevel.useMemory) {
    result.droppedBlocks.foreach { updatedBlocks += _ }
  }

  val putBlockStatus = getCurrentBlockStatus(blockId, putBlockInfo)
  if (putBlockStatus.storageLevel != StorageLevel.NONE) {
    // Now that the block is in either the memory, externalBlockStore, or
    // disk store,let other threads read it, and tell the master about it.
    marked = true
    putBlockInfo.markReady(size)
    if (tellMaster) {
      reportBlockStatus(blockId, putBlockInfo, putBlockStatus)
    }
    updatedBlocks += ((blockId, putBlockStatus))
  }
} finally {
  // If we failed in putting the block to memory/disk, notify other
  // possible readers that it has failed, and then remove it from the
  // block info map.
  if (!marked) {
```

```
        // Note that the remove must happen before markFailure otherwise
        // another thread could've inserted a new BlockInfo before we remove it.
        blockInfo.remove(blockId)
        putBlockInfo.markFailure()
        logWarning(s"Putting block $blockId failed")
      }
    }
}
logDebug("Put block %s locally took %s".format(blockId, Utils.
getUsedTimeMs(startTimeMs)))

// Either we're storing bytes and we asynchronously started replication, or
// we're storing values and need to serialize and replicate them now:

if (putLevel.replication > 1) {
  data match {
    case ByteBufferValues(bytes) =>
      if (replicationFuture != null) {
        Await.ready(replicationFuture, Duration.Inf)
      }
    case _ =>
      val remoteStartTime = System.currentTimeMillis
      // Serialize the block if not already done
      if (bytesAfterPut == null) {
        if (valuesAfterPut == null) {
          throw new SparkException(
            "Underlying put returned neither an Iterator nor bytes! This
            shouldn't happen.")
        }
        bytesAfterPut = dataSerialize(blockId, valuesAfterPut)
      }
      replicate(blockId, bytesAfterPut, putLevel)
      logDebug("Put block %s remotely took %s"
        .format(blockId, Utils.getUsedTimeMs(remoteStartTime)))
  }
}

BlockManager.dispose(bytesAfterPut)

if (putLevel.replication > 1) {
  logDebug("Putting block %s with replication took %s"
    .format(blockId, Utils.getUsedTimeMs(startTimeMs)))
} else {
  logDebug("Putting block %s without replication took %s"
    .format(blockId, Utils.getUsedTimeMs(startTimeMs)))
```

```
    }
    updatedBlocks
}
```

doPut 方法的职能可以总结为如下几点：

1）为 block 创建 BlockInfo 结构体存储 block 相关信息，同时将其加锁使其不能被访问。

2）根据 block 的 replication 数决定是否将该 block 拷贝到远端。

3）根据 block 的 storage level 决定将 block 存储到内存还是硬盘上，同时解锁标识该 block 已经 ready，可被访问。

4.5.3 DiskStore 与 DiskBlockManager 类

本节继续探索实现具体存储落地到硬盘的过程。首先介绍两个重点类：DiskStore 和 DiskBlockManager。

事实上 DiskStore 虽然承担着将 block 存储到硬盘上的工作，但它仍然没有直接调用底层操作，而是用 DiskBlockManager 来管理。在 DiskBlockManager 实现中通过创建数组以哈希表的形式保存了文件的路径，而查找文件路径是通过 getFile 完成的，在数组中，以 hash 的方式来查找文件所在路径。下面是 getFile 的实现。

```
def getFile(filename: String): File = {
  // Figure out which local directory it hashes to, and which subdirectory in that
  val hash = Utils.nonNegativeHash(filename)
  val dirId = hash % localDirs.length
  val subDirId = (hash / localDirs.length) % subDirsPerLocalDir

  /* 如果子目录不存在则创建它 */
  val subDir = subDirs(dirId).synchronized {
    val old = subDirs(dirId)(subDirId)
    if (old != null) {
      old
    } else {
      val newDir = new File(localDirs(dirId), "%02x".format(subDirId))
      if (!newDir.exists() && !newDir.mkdir()) {
        throw new IOException(s"Failed to create local dir in $newDir.")
      }
      subDirs(dirId)(subDirId) = newDir
```

```
        newDir
    }
  }

  new File(subDir, filename)
}
```

getFile 方法先根据 filename 计算出 hash 值,将 hash 取模获得 dirId 和 subDirId,进而在 subDirs 中找出相应的 subDir。如果不存在,则创建一个 subDir,最后以 subDir 为路径、filename 为文件名创建文件对象,DiskBlockManager 使用此文件对象将 block 写入硬盘或从硬盘中读出 block,详细请参见 DiskStore.scala 文件。

4.5.4 MemoryStore 类

本节研究 MemoryStore 类的实现。MemoryStore 类的职能是将 block 存储到内存,一般采用如下两种方式:

1)以数组的方式,数组中保存了 Java 对象的反序列化对象。

2)以序列化的 ByteBuffers 方式保存。

在 MemoryStore 类的实现中很少有比如创建文件及文件读取等操作。但在 MemoryStore 类中,它维护了一个 java.util.LinkedHashMap[BlockId, MemoryEntry],将 blockId 映射到内存的入口地址。如此一来,读取 block 会大大简化,因为直接操作该哈希表。在保存 block 至内存这个功能点上,MemoryStore 类提供了 putBytes、putArray 等方法。查阅这几个方法的实现后发现它们都是对 tryToPut 方法的封装。因此下面重点介绍 tryToPut 方法的代码实现。

```
private def tryToPut(
    blockId: BlockId,
    value: () => Any,
    size: Long,
    deserialized: Boolean): ResultWithDroppedBlocks = {

  var putSuccess = false
  val droppedBlocks = new ArrayBuffer[(BlockId, BlockStatus)]

  accountingLock.synchronized {
    val freeSpaceResult = ensureFreeSpace(blockId, size)
    val enoughFreeSpace = freeSpaceResult.success
    droppedBlocks ++= freeSpaceResult.droppedBlocks
```

```
    if (enoughFreeSpace) {
      val entry = new MemoryEntry(value(), size, deserialized)
      entries.synchronized {
        entries.put(blockId, entry)
        currentMemory += size
      }
      val valuesOrBytes = if (deserialized) "values" else "bytes"
      logInfo("Block %s stored as %s in memory (estimated size %s, free
%s)".format(blockId, valuesOrBytes, Utils.bytesToString(size), Utils.
bytesToString(freeMemory)))
      putSuccess = true
    } else {
      /* 告诉 block manager 无法将 block 放入内存中，该 block 可被落地到硬盘（如果该 block
      允许在硬盘中保存的话）*/
      lazy val data = if (deserialized) {
        Left(value().asInstanceOf[Array[Any]])
      } else {
        Right(value().asInstanceOf[ByteBuffer].duplicate())
      }
      val droppedBlockStatus = blockManager.dropFromMemory(blockId, () =>
      data)
      droppedBlockStatus.foreach { status => droppedBlocks += ((blockId,
      status)) }
    }
    // Release the unroll memory used because we no longer need the underlying
    // Array
    releasePendingUnrollMemoryForThisTask()
  }
  ResultWithDroppedBlocks(putSuccess, droppedBlocks)
}
```

从上述 tryToPut 方法实现中不难看出，它首先调用 ensureFreeSpace 方法，确保留出足够的空间，然后函数依据在不交换空间的情况下，内存是否足够而分为以下两支：

1）若内存足够，那么直接将数据写入内存中，然后将 entry 加入 entries 哈希表。

2）若内存不够，可将这个 block 直接写到硬盘中。

至此，读者也许会问？在什么情况下会导致内存不够？并且被交换的块该如何选择？下面继续研究 ensureFreeSpace 方法的实现。

```
private def ensureFreeSpace(
    blockIdToAdd: BlockId,
    space: Long): ResultWithDroppedBlocks = {
  logInfo(s"ensureFreeSpace($space) called with curMem=$currentMemory,
  maxMem=$maxMemory")
```

```scala
    val droppedBlocks = new ArrayBuffer[(BlockId, BlockStatus)]

if (space > maxMemory) {
  logInfo(s"Will not store $blockIdToAdd as it is larger than our memory
  limit")
  return ResultWithDroppedBlocks(success = false, droppedBlocks)
}

// Take into account the amount of memory currently occupied by unrolling
// blocks and minus the pending unroll memory for that block on current thread.
val taskAttemptId = currentTaskAttemptId()
val actualFreeMemory = freeMemory - currentUnrollMemory +
  pendingUnrollMemoryMap.getOrElse(taskAttemptId, 0L)

if (actualFreeMemory < space) {
  val rddToAdd = getRddId(blockIdToAdd)
  val selectedBlocks = new ArrayBuffer[BlockId]
  var selectedMemory = 0L

  // This is synchronized to ensure that the set of entries is not changed
  // (because of getValue or getBytes) while traversing the iterator, as
  // that can lead to exceptions.
  entries.synchronized {
    val iterator = entries.entrySet().iterator()
    while (actualFreeMemory + selectedMemory < space && iterator.hasNext) {
      val pair = iterator.next()
      val blockId = pair.getKey
      if (rddToAdd.isEmpty || rddToAdd != getRddId(blockId)) {
        selectedBlocks += blockId
        selectedMemory += pair.getValue.size
      }
    }
  }

  if (actualFreeMemory + selectedMemory >= space) {
    logInfo(s"${selectedBlocks.size} blocks selected for dropping")
    for (blockId <- selectedBlocks) {
      val entry = entries.synchronized { entries.get(blockId) }
      // This should never be null as only one task should be dropping
      // blocks and removing entries. However the check is still here for
      // future safety.
      if (entry != null) {
        val data = if (entry.deserialized) {
          Left(entry.value.asInstanceOf[Array[Any]])
        } else {
          Right(entry.value.asInstanceOf[ByteBuffer].duplicate())
```

```
            }
            val droppedBlockStatus = blockManager.dropFromMemory(blockId, data)
            droppedBlockStatus.foreach { status => droppedBlocks += ((blockId,
            status)) }
          }
        }
        return ResultWithDroppedBlocks(success = true, droppedBlocks)
      } else {
        logInfo(s"Will not store $blockIdToAdd as it would require dropping
        another block " + "from the same RDD")
        return ResultWithDroppedBlocks(success = false, droppedBlocks)
      }
    }
    ResultWithDroppedBlocks(success = true, droppedBlocks)
}
```

从 ensureFreeSpace 方法的实现流程中可以看出，首先它会维护一个 selectedBlocks 数组，该数组中保存了可供替换的 block。另外 selectedMemory 表示能够空出的最大空间。而 selectedBlocks 数组的产生过程是先遍历 entries 哈希表，将不属于当前待加入 RDD 的 block 加进去，在尽量保证当前 RDD 完全缓存到内存中的前提下，使用了 FIFO 淘汰机制。当 selectedBlocks 被生成之后，先判断如果全部释放空间是否足够，如果不够则返回；如果足够，那么会依次将里面的 block 交换出内存，直到产生的空余空间足够。

本节通过分析源码来对 Spark 的缓存策略做了深入探索。当开发者调用 RDD.iterator 时会自动触发缓存机制，将这个 RDD 以默认为 memory 的缓存级别缓存起来。同时读取缓存也是完全自动的，不需要用户干预。内存满之后，在尽量保证当前 RDD 完整的情况下，采用 FIFO 策略选取部分 block 交换至 disk 中，以空出部分空间。而当硬盘中的 block 被再次用到并且缓存级别是内存时，自动重新读入内存中。

4.6 本章小结

本章首先对 Spark1.5.0 的代码布局做了宏观介绍，进而对 Spark 的执行主线做了详细剖析，从代码层面详细介绍了 RDD 是如何落地到 Worker 上执行的。接着，又从另一个角度分析了 Client、Master 与 Worker 之间的交互过程。最后深入介绍 Spark 的两个重要功能点及 Spark Shuffle 与 Spark 存储机制。学习完本章后，希望读者能自行深入研究 Spark 代码，加深对 Spark 内部实现原理的理解。

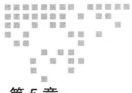

第 5 章

Spark on YARN

Spark 的部署模式灵活多变，主要包括 Local、Standalone、Mesos 和 YARN。如果在单机上部署运行，则可以使用 Local 或者伪分布式模式运行。如果在真正的集群上部署运行，那么也有 Standalone、Mesos 和 YARN 三种运行模式可供选择。针对集群中资源管理的具体情况，Spark 既可以使用内建的 Standalone 模式，也可以依赖于外部的资源调度框架，如 Mesos、YARN 等。而在实际生产中，选择 YARN 的理由除了方便管理集群和共享内存之外，很大程度上是为了便于与已有的 Hadoop 系统整合。目前，基于 Driver 运行位置的不同，Spark 应用在 YARN 上的运行方式可以分为两种：Yarn-Cluster 与 Yarn-Client 模式，本章后半部分会一一介绍这两种模式。

5.1 YARN 概述

另一种资源协调者（Yet Another Resource Negotiator，YARN）是一种新的 Hadoop 资源管理器，它是一个通用资源管理系统，能够为上层应用提供统一的资源管理和资源调度。YARN 的引入为集群在利用率、资源统一管理和数据共享等方面带来了巨大好处。

YARN 的出现最初是为了修复 MapReduce 的不足，并对可伸缩性、可靠性和集群利用率进行了提升。YARN 将资源管理和作业调度及监控分成了两个独立的服务程序——全局的资源管理（Resource Manager，RM）和针对每个应用的应用 Master（Application-

Master，AM）。这里的应用指的是传统意义上的 MapReduce 任务或者是任务的有向无环图（DAG）。

在 YARN 的架构实现中，ResourceManager、NodeManager 和 Container 都不关心应用程序或任务的类型。一般特定于某种分布式框架的应用理论上都能迁移到 YARN 上，只要为其实现了相应的 ApplicationMaster。因此，Hadoop YARN 集群可运行各类应用，如批处理 MapReduce、Giraph、实时型服务 Storm、Spark、Tez/Impala、MPI 等。这些应用可以同时利用 Hadoop 集群的计算能力和丰富的数据存储模型，共享同一个 Hadoop 集群和驻留在集群上的数据。此外，这些新的框架还可以利用 YARN 的资源管理器，提供新的应用管理器实现。从某种程度上说，YARN 对运行在其上的框架提供了操作系统级别的调度。

Hadoop YARN 的架构如图 5-1 所示。

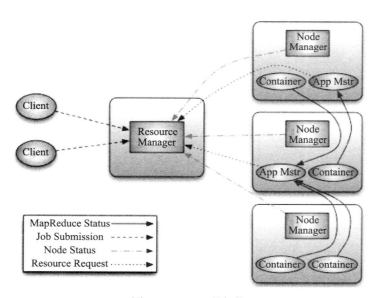

图 5-1　YARN 的架构

下面一一介绍 YARN 架构的重要组成部分。

1）ResourceManager（RM）：负责全局资源管理。接收 Client 端任务请求，接收和监控 NodeManager 的资源情况汇报，负责资源的分配与调度，启动和监控 ApplicationMaster。

2）NodeManager（NM）：可以看作节点上的资源和任务的管理器，启动 Container 运行 Task 计算，汇报资源、Container 情况给 RM，汇报任务处理情况给 AM。

3）ApplicationMaster（AM）：主要是单个 Application（Job）的 Task 管理和调度，向 RM 申请资源，向 NM 发出 launch Container 指令，接收 NM 的 Task 处理状态信息。

4）Container: YARN 中的资源分配的单位。资源使用 Container 表示，每个任务占用一个 Container，在 Container 中运行。

Job 提交之后的处理过程简单如图 5-2 所示。

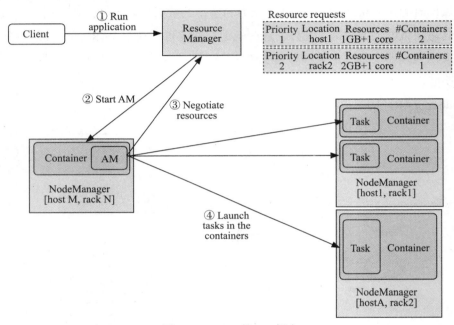

图 5-2　YARN 的 Job 提交

其中，交互细节描述如下：

1）Client 提交一个 Job 到 ResourceManager，进入 ResourceManager 中的 Scheduler 队列等待调度。

2）ResourceManager 根据 NodeManager 汇报的资源情况（NodeManager 会定时汇报资源和 Container 使用情况），请求一个合适的 NodeManager 启动 Container，并在该 Container 中启动运行 ApplicationMaster。

3）ApplicationMaster 启动后，注册到 ResourceManager 上，以使 Client 可以查到 ApplicationMaster 的信息，便于 Client 直接和 ApplicationMaster 通信。

4）ApplicationMaster 根据 Job 划分的 Task 情况，向 ResourceManager 协商申请

Container 资源。

5）ResourceManager 分配给 ApplicationMaster Container 资源后，ApplicationMaster 根据 Container 内描述的资源信息，向对应的 NodeManager 请求启动 Container。

6）NodeManager 启动 Container 并运行 Task，各个 Task 在运行过程中向 ApplicationMaster 汇报进度状态信息，同时 NodeManager 也会定时向 ResourceManager 汇报 Container 的使用情况。

7）在 Job 执行过程中，Client 可以和 ApplicationMaster 通信，获取 Application 相关的进度和状态信息。

8）在 Job 完成后，ApplicationMaster 通知 ResourceManager 清除自己的相关信息，并释放 Container 资源。

5.2 Spark on YARN 的部署模式

如果将 Spark 部署在 YARN 上，必须确保 HADOOP_CONF_DIR 或 YARN_CONF_DIR（在 spark-env.sh 中可以配置）指向 Client 端包含 Hadoop 集群配置的目录。Spark 通过这些配置可以连接 YARN ResourceManager，并且能够向 HDFS 写入数据。该目录中的配置文件会被分发到 YARN 集群，以便于应用使用的 Container 能够使用同样的配置。如果配置文件中引用了 Java 系统属性或引用了不被 YARN 管理的环境变量，那么这些属性和环境变量应该设置在 Spark 应用的配置中（Driver、Executors 和运行在 Client mode 下的 ApplicationMaster 中）。

在 YARN 上启动 Spark 应用依据 Spark Driver 运行位置的不同，可以分为两种部署模式：yarn-cluster 和 yarn-client。

在 yarn-cluster 模式下，Spark Driver 运行在被 YARN 管理的 ApplicationMaster 进程中，在应用启动之后，Client 端可以退出。如果在 yarn-client 模式下，Driver 运行在 Client 进程中，并且在该模式下，ApplicationMaster 只会用于向 YARN 请求资源。

与 Spark standalone 模式及 Mesos 模式不同，在这两种模式下，命令行参数 --master 指定了 Master 的地址。而在 YARN 模式下，ResourceManager 的地址是从 Hadoop 的配置中读出来的。因此，YARN 模式下的 --master 命令行参数可以设置为 yarn-client 或 yarn-cluster（均为小写）。

其中 yarn-cluster 模式是实际生产常见的模式，而 yarn-client 更适用于用户交互的场景。在 yarn-cluster 模式下，Client 可以在提交应用后选择退出。在 yarn-client 模式下，Driver 运行在 Client 上，而 Driver 包含了 DAGScheduler 及 TaskScheduler，因此在整个应用未执行完成期间，Client 不能退出。

1. yarn-cluster 模式

yarn-cluster 模式架构如图 5-3 所示。

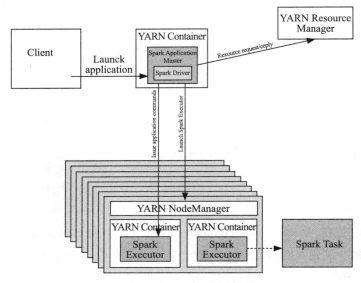

图 5-3　yarn-cluster 模式架构

在 yarn-cluster 模式下启动 Spark 应用可以执行如下命令：

```
$ ./bin/spark-submit --class path.to.your.Class \
   --master yarn-cluster \
   [options] \
   app jar \
   [app options] \
```

例如：

```
$ ./bin/spark-submit --class org.apache.spark.examples.SparkPi \
   --master yarn-cluster \
   --num-executors 3 \
   --driver-memory 4g \
   --executor-memory 2g \
   --executor-cores 1 \
   --queue thequeue \
   lib/spark-examples*.jar \
   10
```

该命令启动了 YARN Client 程序，并且通过该 Client 程序启动默认的 ApplicationMaster，然后 SparkPi 将作为 Application 的一个子线程运行。Client 将定期向 ApplicationMaster 更新状态并将其显示在终端。在应用运行完成后，Client 会退出。

2. yarn-client 模式

当 Driver 进程运行在任务提交机上（Client 端）时，该模式被称为 yarn-client 模式。这种模式多用于用户交互的场景。由于 Driver 包含了 Spark 的任务调度系统，包括 DAGScheuler、TaskScheduler 等，因此 Client 端在提交应用后不能退出，需要一直等到应用结束才可以选择退出。

在 yarn-client 模式下，AppcationMaster 只负责向 RM 申请 Executor 需要的资源。注意，当 Spark 运行在 YARN 上时，spark-shell 和 pyspark 必须使用 yarn-client 模式。该模式架构如图 5-4 所示。

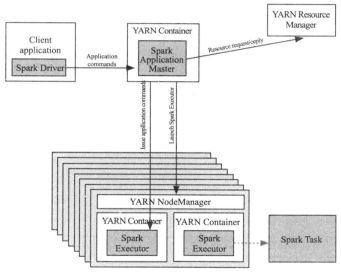

图 5-4　yarn-client 模式

如果要在 yarn-client 模式下启动 Spark 应用，类似地只需在命令行参数 --master 后传入 yarn-client 参数即可。例如，要在 yarn-client 模式下启动 spark-shell，可以输入如下命令：

```
$ ./bin/spark-shell --master yarn-client
```

也可以在命令行做更详细的设置，指定分配给 Driver 及每个 Executor 的内存大小，例如：

```
$ ./bin/spark-shell --master yarn-client
 --executor-memory 200m
 --driver-memory 300m
 --num-executors 4
```

在 yarn-cluster 模式下，Driver 运行在 Client 之外的机器上，因此 SparkContext.addJar 无法触及 Client 上的文件。为了使 SparkContext.addJar 访问这些 Client 上的文件，可以在命令行加入 --jars 参数：

$ ./bin/spark-submit --class my.main.Class \ --master yarn-cluster \ --jars my-other-jar.jar,my-other-other-jar.jar my-main-jar.jar app_arg1 app_arg2

表 5-1 列出一些常用的命令行参数说明。

表 5-1　YARN 模式下的 Spark 命令行参数说明

参数	参数说明
--master	部署模式 yarn-cluster 或者 yarn-client
--class	应用 main 方法所在的完整类名
--num-executors	分配给应用的 YARN Container 的总数
--driver-memory	分配给 Driver 的最大的 heap size
--executor-memory	分配给每个 executor 的最大 heap size
--executor-cores	分配给每个 executor 的最大处理器 core 数量
--jars	传给 driver 或 executor 的额外的 jar 依赖包

事实上，对于其他的部署模式，如单机上的伪集群部署模式或者标准的 Spark Standalone 模式而言，--master 也可以有其他的参数形式，具体如表 5-2 所示。

表 5-2　Master URL

Master URL	描述
Local	单机运行 Spark 启动一个 worker 线程
Local[k]	[伪集群] 单机运行 Spark 启动 k 个 worker 线程
local[*]	[伪集群] 单机运行 Spark 启动 worker 线程数与 core 数一致
spark://host:port	[Standalone mode] 连接 spark master port 可设定，默认为 7077
Yarn-cluster	[Yarn-cluster mode] 连接 yarn-cluster 集群位置通过 HADOOP_CONF_DIR 找到
Yarn-client	[Yarn-client mode 连接 yarn-cluster 集群位置通过 HADOOP_CONF_DIR 找到

由前面的内容可知，Spark Standalone、yarn-client、yarn-cluster 模式具有不同的特征，总结如表 5-3 所示。

表 5-3 不同模式的区别

Mode	yarn-client	yarn-cluster	Spark Standalone
Driver 执行处	Client	ApplicationMaster	Client
资源申请发起者	ApplicationMaster	ApplicationMaster	Client
Executor 进程启动处	YARN NodeManager	YARN NodeManager	Spark worker
服务进程	YARN ResourceManager and NodeManagers	YARN ResourceManager and NodeManagers	Spark Master 及 Workers
是否支持 Spark Shell	是	否	是

对 YARN 而言，executor 和 application master 运行在 Container 中。在一个应用完成之后，YARN 有两种模式来处理 Container log。如果 log application 是打开的（使用 yarn.log-aggregation-enable 配置），Container log 会被复制到 HDFS 中，然后在本地删除。这些 log 可以使用 "yarn logs" 命令在集群中的任何一台机器上查看。代码如下：

```
yarn logs -applicationId <appID>
```

该命令会输出指定程序所有 container 的所有 log 内容。

另外，也可以在 HDFS 上使用 HDFS shell 或 API 查看 container log 文件。这些 log 所在的目录可以在 Yarn 的配置中指定：

```
yarn.nodemanager.remote-app-log-dir
yarn.nodemanager.remote-app-log-dir-suffix
```

除此之外，如果想在 Spark webUI 中的 executor 选项卡下面查看 Container log，则可以做如下配置：

1）运行 spark history server 或者 MapReduce history server。

2）在 yarn-site.xml 中配置 yarn.log.server 指向该 server。

完成配置后，单击 Spark history serverUI 上的 log 链接后，将重定向至配置的 history server 页面，列出已聚集的 log。

当 log aggregation 没有打开时，logs 将会被保存在 YARN_APP_LOGS_DIR 指定的每台机器本地。保存路径默认是 /tmp/logs 或 $HADOOP_HOME/logs/userlogs，具体取决于 Hadoop 的版本及安装位置。在这种情况下，可以登录到包含 log 的主机相关目录下查看 Container log。子目录将 log 文件通过 application ID 和 container ID 进行组织。在 Spark Web UI 中的 executors 选项卡下也可以查看这些 log，此时不需要运行 MapReduce history server。

5.3 Spark on YARN 的配置重点

前面介绍了 Spark 基于 YARN 的部署模式及 Job 提交方式。下面将带领读者继续深入 YARN 的内存及其他几个重要方面的配置，相信学习完这一节之后，读者会更深入地理解 YARN 及基于 YARN 部署的 spark。

5.3.1 YARN 的自身内存配置

在前面提到过，当 Client 向 RM 提交作业时，AM 会向 RM 提出资源申请，并向 NodeManager（NM）通知 task 执行。在这个过程中，RM 负责资源调度，AM 负责任务调度，具体总结如下：

- RM 负责整个集群的资源管理与调度。
- NM 负责单个节点的资源管理与调度，通过心跳的形式与 RM 通信，报告节点的健康状态与内存使用情况。
- AM 通过与 RM 交互获取资源，然后通过与 NM 交互，启动计算任务。

事实上 YARN 是通过参数配置来达到内存资源管理的目的的。下面简要介绍 YARN 资源配置的方式，以此进一步说明上面的总结。

RM 的内存资源配置主要通过 yarn-site.xml 中的两个参数来设定。

- yarn.scheduler.maximum-allocation-mb
- yarn.scheduler.minimum-allocation-mb

说明：这两个参数配置的是单个 container 可申请的最大与最小内存。运行 Application 时申请内存的大小应位于这两个参数指定的值之间。另外最小值还可用于计算一个节点的最大 container 数目。在应用执行时，无法动态改变这两个参数值。

NM 的内存资源配置主要通过 yarn-site.xml 中以下参数指定。

- yarn.nodemanager.resource.memory-mb

说明：每个节点可用的最大内存，RM 中的两个值不应该超过此值。此数值可用于计算 container 最大数目，即用此值除以 RM 中的最小容器内存。

AM 内存配置相关参数主要在 mapred-site.xml 中设定（此处以 MapReduce 为例进行说明）。

- mapreduce.map.memory.mb
- mapreduce.reduce.memory.mb

说明：这两个参数指定用于 MapReduce 的两个 Map 任务和 Reduce 任务的内存大小。这两个值应介于 RM 中的最大、最小 container 内存值之间。如果没有配置，则通过如下简单公式计算：max（MIN_CONTAINER_SIZE,（Total Available RAM）/ containers））。一般的 Reduce 应该是 Map 的 2 倍。注：这两个值可以在应用启动时通过参数改变。

其他内存和 JVM 设置等相关参数可通过如下选项配置。

- mapreduce.map.java.opts
- mapreduce.reduce.java.opts

说明：熟悉 Java 的读者可能已经看出来了，这两个参数主要通过向 JVM 中传递参数来设置 java 或 scala 的资源使用。在向 JVM 传入参数时，与内存有关的参数最常见的是：-Xmx（最大堆大小）与 -Xms（初始堆大小）等。此数值应该在 AM 中的 map.mb 和 reduce.mb 之间。

5.3.2 Spark on YARN 的重要配置

本节列出与 YARN 有关的 Spark 部分配置的属性名、含义和默认值（见表 5-4）。开发者可以选择在代码中或者 Spark-defaults.conf 文件中指定这些配置项。如果想查询 Spark1.5.0 完整的配置项列表，请查阅 Spark 官网 http://spark.apache.org/docs/1.5.0/running-on-yarn.html 。

表 5-4 Spark 中与 YARN 有关的重要属性

属性名称	默认值	含义
spark.yarn.am.memory	512M	在 client 模式时，AM 的内存大小；在 cluster 模式时，使用 spark.driver.memory 变量
spark.driver.cores	1	在 claster 模式时，driver 使用的 CPU 核数，这时 driver 运行在 AM 中，其实也就是 AM 和核数；在 client 模式时，使用 spark.yarn.am.cores 变量
spark.yarn.am.cores	1	在 client 模式时，AM 的 CPU 核数
spark.yarn.am.waitTime	100 000	启动时等待时间
spark.yarn.submit.file.replication	3	应用程序上传到 HDFS 的文件的副本数
spark.yarn.preserve.staging.files	False	若为 true，在 Job 结束后，将 stage 相关的文件保留而不是删除
spark.yarn.scheduler.heartbeat.interval-ms	5000	Spark AppMaster 发送心跳信息给 YARN RM 的时间间隔
spark.yarn.max.executor.failures	2 倍于 executor 数，最小值 3	导致应用程序宣告失败的最大 executor 失败次数

(续)

属性名称	默认值	含义
spark.yarn.applicationMaster.waitTries	10	RM 等待 Spark AppMaster 启动重试次数,也就是 SparkContext 初始化次数。超过这个数值,启动失败
spark.yarn.historyServer.address	无	Spark history server 的地址(不要加 http://)。这个地址会在 Spark 应用程序完成后提交给 YARN RM,然后 RM 将信息从 RM UI 写到 history server UI 上
spark.yarn.dist.archives	无	
spark.yarn.dist.files	无	
spark.executor.instances	2	executor 实例个数
spark.yarn.executor.memoryOverhead	executorMemory × 0.07,不小于 384	executor 的堆内存大小设置
spark.yarn.driver.memoryOverhead	driverMemory × 0.07,不小于 384	driver 的堆内存大小设置
spark.yarn.am.memoryOverhead	AM memory × 0.07,不小于 384	AM 的堆内存大小设置,在 client 模式时设置
spark.yarn.queue	默认	使用 YARN 的队列
spark.yarn.jar	无	
spark.yarn.access.namenodes	无	
spark.yarn.appMasterEnv.[EnvironmentVariableName]	无	设置 AM 的环境变量
spark.yarn.containerLauncherMaxThreads	25	AM 启动 executor 的最大线程数
spark.yarn.am.extraJavaOptions	无	
spark.yarn.maxAppAttempts	yarn.resourcemanager.am.max-attempts in YARN	AM 重试次数

5.4 本章小结

本章先介绍了 YARN 的基本原理及基于 YARN 的 Spark 程序提交,并从程序从提交到落地执行的视角,详细介绍了各个阶段的资源管理和调度职能。在本章的后半部分,主要从资源配置的角度对 YARN 及基于 YARN 的 Spark 做了较为详细的介绍。读者学习完本章后,应该思考 Spark standalone 与 Spark on YARN 在资源管理方面的异同,以此来加深对 Spark 资源配置和管理方面知识的掌握。

第 6 章 Chapter 6

BDAS 生态主要模块

前面几章分别介绍了 Spark 的机制原理及部分重要细节。本章将继续介绍伯克利大学 AMPLab 开发的 BDAS（Berkeley Data Analytics Stack）数据分析软件栈的构成，即 Spark 生态系统的各个组成模块。在 BDAS 中，Spark 替代了 Hadoop 中的 MapReduce。基于 Spark，使用 Spark SQL/Shark 替代了 Hive 等数据仓库；使用 Spark Streaming 替代 Storm 作为流失计算框架；使用 GraphX 替代了 Graph Lab 等图计算框架；使用 MLlib 替代 Mahout 等机器学习框架；为了改进 Hadoop 的性能弱势，Spark 及其框架提出了基于内存计算的策略。Spark 的口号是：One Stack to rule them all，使用 Spark 的用户可以一站式地构架自己的数据分析平台。

6.1 Spark SQL

为了满足用户各种查询需要并兼容传统数据库用户的使用习惯，Spark 提供了 SQL 接口，即 Shark 和 Spark SQL 这两个分布式大数据查询引擎。在 2014 年 7 月 1 日的 Spark Submit 之后，Databricks 公司宣布不再支持 Shark 的研发，开始转向 Shark 的下一代技术：Spark SQL。Spark SQL 将涵盖 Shark 的所有特性。同时 Hive 社区也推出 Hive on Spark，将 Spark 作为新的执行引擎。Hive on Spark 提出的目的之一在于便于将 Hive 用户迁移到 Spark。据伯克利的测试表明，Shark 的性能无论是在硬盘还是内存中，相比

Hive 而言，可以提升多达几十倍，而 Spark SQL 的性能再度超越了 Shark。虽然 Shark 的发展画上了句号，但也因此发展出两条线：SparkSQL 和 Hive on Spark，如图 6-1 所示。

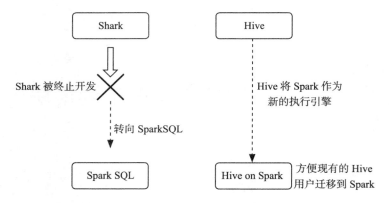

图 6-1 Spark SQL 与 Hive on Spark

SparkSQL 将作为 Spark 生态的一员继续发展，不再受限于 Hive，并且兼容 Hive。而 Hive on Spark 是一个 Hive 社区的发展计划，该计划将 Spark 作为 Hive 的底层引擎之一，也就是说，Hive 将不再受限于一个引擎，可以采用 Map-Reduce、Tez、Spark 等引擎。

6.1.1 Spark SQL 概述

细心的读者可能已从前文中看出，Spark SQL 其实是用于处理结构化数据的 Spark 模块，也可以作为分布式的 SQL 查询引擎。Spark SQL 提供了 DataFrame 作为编程入口，并且可以从 Hive 中读取数据。Spark SQL 产生的原因主要在于随着 Spark 的蓬勃发展，Shark 对于 Hive 的依赖逐渐增多（如 Shark 采用 Hive 的语法解析器、查询优化器等），这些依赖从某种程度上制约了 Spark 提出的 One stack to rule them all 既定方针。另外从整体层面来看，也制约了 Spark 各个组件的融洽性，因此 Spark SQL 项目应运而生。Spark SQL 摒弃了原有 Shark 的代码，但汲取了 Shark 的一些优点，如内存列存储（In-Memory Columnar Storage）、Hive 兼容性等，重新开发了 Spark SQL 代码。由于摆脱了对 Hive 的依赖性，SparkSQL 无论在数据兼容、性能优化、组件扩展方面都得到了极大的改进，详述如下：

1）改进的数据兼容性：不但兼容 Hive，还可以从 RDD、parquet 文件、JSON 文件中获取数据，支持获取 RDBMS 数据以及 cassandra 等 NoSQL 数据。

2）性能的优化：除了采取内存列存储、byte-code generation 等优化技术外，将会引进 Cost Model 对查询进行动态评估、获取最佳物理计划等。

3）改进的组件扩展：无论是 SQL 的语法解析器、分析器，还是优化器，都可以重新定义、扩展。

分别如图 6-2 和图 6-3 所示。由于 Shark 的出现，使得 SQL-on-Hadoop 的性能比 Hive 有了 10～100 倍的提高。

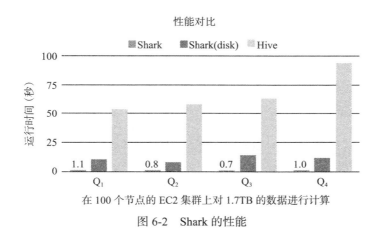

图 6-2　Shark 的性能

Spark SQL 虽然摆脱了对 Hive 的依赖，但性能没有 Shark 相对于 Hive 那样显著提升，不过也算优异了。

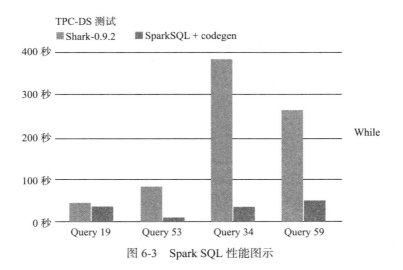

图 6-3　Spark SQL 性能图示

6.1.2 Spark SQL 的架构分析

类似于关系型数据库，Spark SQL 的语句也是由三部分组成，即 Projection（a1, a2, a3）、Data Source（tableA）、Filter（condition）。三者分别对应 SQL 查询过程中的 Result、Data Source、Operation，也就是说 SQL 语句按 Result → Data Source → Operation 的次序来描述，如图 6-4 所示：

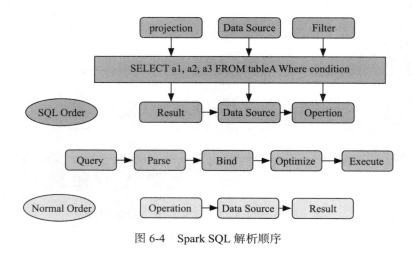

图 6-4　Spark SQL 解析顺序

执行 SparkSQL 语句的流程如下：

1）解析（Parse）：对读入的 SQL 语句进行解析，分辨出 SQL 语句中哪些词是关键词（如 SELECT、FROM、WHERE），哪些是表达式，哪些是 Projection，哪些是 Data Source 等，从而判断 SQL 语句是否规范。

2）绑定（Bind）：将 SQL 语句和数据库的数据字典（列、表、视图等）进行绑定，如果相关的 Projection、Data Source 等都是存在的话，就表示这个 SQL 语句是可以执行的。

3）优化（Optimize）。：一般的数据库会提供几个执行计划，这些计划一般都有运行统计数据，数据库会在这些计划中选择一个最优计划

4）执行计划（Execute）：按 Operation → Data Source → Result 的次序来进行，在执行过程中，有时甚至不需要读取物理表就可以返回结果，比如重新运行刚运行过的 SQL 语句，可能直接从数据库的缓冲池中获取返回结果。

SparkSQL 对 SQL 语句的处理和关系型数据库对 SQL 语句的处理采用了类似的方法，首先解析 SQL 语句（Parse），形成一个语法树（Tree）。然后后续的绑定、优化等处

理过程都是对 Tree 的操作，而操作的方法是采用 Rule，通过模式匹配，对不同类型的节点采用不同的操作。在整个 SQL 语句的处理过程中，Tree 和 Rule 相互配合，完成了解析、绑定（在 SparkSQL 中称为 Analysis）、优化、物理计划等过程，最终生成可以执行的物理计划。

Tree 的具体操作是通过 TreeNode 实现的。TreeNode 可以使用 scala 的集合操作方法（如 foreach、map、flatMap、collect 等）进行操作。有了 TreeNode，通过 Tree 中各个 TreeNode 之间的关系，可以对 Tree 进行遍历操作，如使用 transformDown、transformUp 将 Rule 应用到给定的树段，然后用结果替代旧的树段。也可以使用 transformChildrenDown、transformChildrenUp 对一个给定的节点进行操作，通过迭代将 Rule 应用到该节点及其子节点。

TreeNode 可以细分成三种类型的 Node。

1）UnaryNode 一元节点，即只有一个子节点，如 Limit、Filter 操作。

2）BinaryNode 二元节点，即有左右子节点的二叉节点，如 Jion、Union 操作。

3）LeafNode 叶子节点，无子节点的节点，如用户命令类 SetCommand 操作。

Rule 是一个抽象类，具体的 Rule 实现是通过 RuleExecutor 完成的。Rule 在 SparkSQL 的 Analyzer、Optimizer、SparkPlan 等各个组件中都被应用了。Rule 通过定义 batch 和 batchs，可以简便、模块化地对 Tree 进行 transform 操作。Rule 通过定义 Once 和 FixedPoint，可以对 Tree 进行一次操作或多次操作（如对某些 Tree 进行多次迭代操作时，达到 FixedPoint 次数迭代或前后两次的树结构无变化才停止操作，具体参见 RuleExecutor.apply）。

SparkSQL 包含两个分支，即 SqlContext 和 HiveContext，SqlContext 现在只支持 SQL 语法解析器。HiveContext 支持 SQL 语法解析器和 hiveSQL 语法解析器，默认为 HiveSQL 语法解析器，可以通过配置切换成 SQL 语法解析器，来运行 HiveSQL 不支持的语法。

SparkSQL 从 1.1 版开始，总体上由下面 4 个模块组成：

1）Core 模块：处理数据的输入输出，从不同的数据源获取数据（RDD、Parquet、json 等），将查询结果输出成 schemaRDD。

2）Catalyst 模块：处理查询语句的整个处理过程，包括解析、绑定、优化、物理计划等，与其说其是优化器，还不如说是查询引擎。

3）Hive 模块：对 Hive 数据的处理。

4）Hive-ThriftServer 模块：提供 CLI（Command-Line Interface，命令行界面）和 JDBC/ODBC 接口。

在这 4 个模块中，Catalyst 处于最核心的部分，其性能优劣将影响整体的性能。由于发展时间尚短，还有很多不足的地方，但其插件式的设计，为未来的发展留下了很大的空间。

通过 SQLContext 上下文类，可以把 RDD 注册为 table（后面会讲到）。该 RDD 是 SchemaRDD，拥有一个 case class，相当于是 SQL 表的 schema 信息。schema 的 column 信息会从 case class 中反射出来。将 RDD 注册成 table 之后，它的信息会持有在 Catalog 里，且生命周期存在于所定义的 SQLContext 实例中。在写 SQL 语句时，会用这个 SchemaRDD，在执行之前会经历几个步骤，分别是通过简单的 SQL parser 把 SQL 解析成逻辑执行计划，从逻辑执行计划到物理执行计划之间，有分析器、优化器和 Planner 做进一步的处理，这些处理本质上都是 Catalyst RuleExecutor 的实现，每一个步骤都定制和注册了自己的规则序列，递归作用于逻辑执行计划之内。前面这些处理基本都是延迟执行（lazy）的，只有触发 toRdd 时，才真正执行。当返回 RDD 后，此 RDD 是 Spark 上通用的 RDD 形态，可以被继续处理，从而打通了从 RDD 到 table，经过 SQL 处理后再回到 RDD 的过程。整个过程的执行和优化完全依靠 Catalyst 这个新的查询优化框架。Catalyst 的框架如图 6-5 所示。

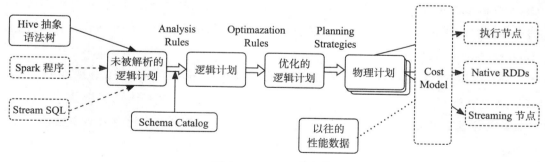

图 6-5　Catalyst 的架构

在图 6-5 中，实线部分是已经实现的功能，虚线部分是后续版本将要实现的功能。从图 6-5 中可以看出，catalyst 主要的实现组件如下：

1）SQLParse（Scala 实现）：完成 SQL 语句的语法解析功能，目前只提供了一个简单的 SQL 解析器。将输入的 SQL，解析成 Unresolved logical plan（未被解析的逻辑计划）。

2）Analyzer：主要完成绑定工作，将不同来源的 Unresolved LogicalPlan 和数据元数据（如 Hive metastore、Schema Catalog）进行绑定，生成 Resolved LogicalPlan。

3）Optimizer：对 Resolved LogicalPlan 进行优化，生成 Optimized LogicalPlan。

4）Planner：将 Optimized LogicalPlan 转换成 PhysicalPlan。

5）CostModel：主要根据过去的性能统计数据，选择最佳的物理执行计划。

这些组件的基本实现方法如下：

1）SQLParse 先将 SQL 语句通过解析生成 Tree，然后在不同阶段使用不同的 Rule 应用到 Tree 上，通过转换完成各个组件的功能。

2）Analyzer 使用 Analysis Rules，配合数据元数据（如 Hive Metastore、Schema Catalog），完善 Unresolved LogicalPlan 的属性而转换成 Resolved LogicalPlan。

3）Optimizer 使用 Optimization Rules，对 Resolved LogicalPlan 进行合并、列裁剪、过滤器下推等优化作业而转换成 Optimized LogicalPlan。

4）Planner 使用 Planning Strategies，将 Optimized LogicalPlan 转换为 PhysicalPlan。

Spark 提供了 Spark SQL CLI 和 ThriftServer，用户可以使用 Spark SQL CLI 在命令界面直接输入 SQL 命令，然后发送到 Spark 集群进行执行，在界面中显示运行过程和最终的结果。这使得 Hive 用户和传统 RDBMS 管理员容易上手，Spark 在真正意义上走进了 SQL。

6.1.3 Spark SQL 如何使用

谈到 Spark SQL 的使用就不得不提 DataFrame。DataFrame 是一个由以命名列组成的分布式数据集，本身是一个带 schema 的 RDD。它在概念上等价于关系数据库中的表或者 R/Python 中的 data frame。从另一角度看，DataFrame 是一个新的 RDD，它可以通过许多方式创建，如结构化的数据文件、Hive 中的表、外部数据库或者已有的 RDD。另外，DataFrame 也提供了 Scala、Java、Python 及 R 语言的 API 接口。

Spark SQL 的 SQLContext 类及其子类提供了使用 Spark SQL 功能的入口。要创建 SQLContext，只需 SparkContext 即可。代码清单 6-1 展示了如何创建 SQLContext。

代码清单 6-1　创建 SQLContext

```
// 已有的 SparkContext.
val sc: SparkContext
val sqlContext = new org.apache.spark.sql.SQLContext(sc)
```

```
// this is used to implicitly convert an RDD to a DataFrame.
import sqlContext.implicits._
```

除了基本的 SQLContext 之外，还可以创建 HiveContext，它提供了比 SQLContext 更丰富的功能，包括使用更完整的 HiveQL Parser 写查询访问 Hive UDF，或从 Hive 的表中读取数据。若要使用 HiveContext，除了需要安装 Hive 外，还要确保所有 SQLContext 的数据源依然有效。

通过 SQLContext，应用程序可以从不同的数据源，如 Hive 中的表，或者其他数据源使用 RDD 创建 DataFrame。代码清单 6-2 展示了如何基于 JSON 文件内容来创建 DataFrame。

代码清单 6-2　基于 JSON 文件创建 DataFrame

```
// 已有的 SparkContext.
val sc: SparkContext
val sqlContext = new org.apache.spark.sql.SQLContext(sc)

// 通过 json 创建 DataFrame。注意，读取 json 的方法在 Spark 的不同版本中有可能不同
val df = sqlContext.read.json("examples/src/main/resources/people.json")

// 输出 DataFrame 的内容
df.show()
```

DataFrame 不仅提供了 Scala、Java、Python 接口，还提供了操作结构化数据的领域语言，代码清单 6-3 简要展示了如何用 DataFrame 处理结构化数据。

代码清单 6-3　使用 DataFrame 处理结构化数据

```
// 已有的 sc
val sc: SparkContext
val sqlContext = new org.apache.spark.sql.SQLContext(sc)

// 从 JSON 创建 DataFrame
val df = sqlContext.read.json("examples/src/main/resources/people.json")

// 展示 DataFrame 内容
df.show()
// age  name
// null Michael
// 30   Andy
// 19   Justin
```

```
// 以 tree 的格式输出 schema
df.printSchema()
// root
//  |-- age: long (nullable = true)
//  |-- name: string (nullable = true)

// 选取 "name" 列
df.select("name").show()
// name
// Michael
// Andy
// Justin

// 对所有人年龄加 1
df.select(df("name"), df("age") + 1).show()
// name    (age + 1)
// Michael null
// Andy    31
// Justin  20

// 选取年龄大于 21 岁的
df.filter(df("age") > 21).show()
// age name
// 30  Andy

// 统计年龄
df.groupBy("age").count().show()
// age  count
// null 1
// 19   1
// 30   1
```

除此之外，DataFrame 也提供了更加丰富的函数库，包括字符操作、日期、常见的数学操作等。

Spark SQL 提供了两种方式来将 RDD 转换为 DataFrame。下面给出例子，详述这两种方式。

1）使用反射来推断包含具体对象类型的 RDD 的 schema。基于反射的方式要求代码写得更加精确。当开发者开发 Spark 应用时，已经知道 schema，因此这种方式很有效。

Spark SQL 的 scala 接口能够自动将包含 case class 的 RDD 转换为 DataFrame。case class 定义了表的 schema。case class 的参数名可以使用反射读取出来，成为列名。另外 Case class 也能够包含复杂类型，如 Sequences 或 Arrays。在代码清单 6-4 中可以看到，

RDD 被隐式地转换为 DataFrame，然后注册为一张表，在后续的 SQL 语句中可以使用这张表。

代码清单 6-4　基于反射方式将 RDD 注册成表的过程

```scala
/* sc 是已有的 SparkContext. */
val sqlContext = new org.apache.spark.sql.SQLContext(sc)

// 用于隐式地将 RDD 转换为 DataFrame.
import sqlContext.implicits._

// 定义 case class
case class Person(name: String, age: Int)

//people 是含有 case 类型的 RDD。会被隐式地转换为 SchemaRDD
val people = sc.textFile("examples/src/main/resources/people.txt").map(_.split(",")).map(p => Person(p(0), p(1).trim.toInt)).toDF()

// 向内存的元数据中注册表信息，完成 Spark SQL 表的创建
people.registerTempTable("people")

// 该 SQL 语句会触发上节所讲的解析，分析，优化等环节，返回 DataFrame（新型的 RDD！）
val teenagers = sqlContext.sql("SELECT name, age FROM people WHERE age >= 13 AND age <= 19")

// 查询的结果返回 DataFrame,DataFrame 支持所有的 RDD 操作．并且结果行中列的访问可以通过序号
teenagers.map(t => "Name: " + t(0)).collect().foreach(println)

// 或者通过列名访问
teenagers.map(t => "Name: " + t.getAs[String]("name")).collect().foreach(println)
```

2）通过编程接口创建。该编程接口允许用户构建 schema 并应用到 RDD 上。它允许用户在不知道列及其类型时，创建 DataFrame，在程序运行时会获得这些信息。

当 case class 不能在实现中定义时，在编程中可以分三步创建 DataFrame：

1）从原来的 RDD 创建一个由行组成的新 RDD。

2）创建以 StructType 表示的 schema，StructType 与 1）中得到的新 RDD 结构一致。

3）使用 SQLContext 的函数 createDataFrame 将 schema 应用至 RDD 上。

代码示例如代码清单 6-5 所示。

代码清单 6-5　通过编程接口将 RDD 注册成表的过程

```scala
// sc is an existing SparkContext.
val sqlContext = new org.apache.spark.sql.SQLContext(sc)
```

```
// 创建 RDD
val people = sc.textFile("examples/src/main/resources/people.txt")

//schema 字符串
val schemaString = "name age"

// Import Row.
import org.apache.spark.sql.Row;

// Import Spark SQL data types
import org.apache.spark.sql.types.{StructType,StructField,StringType};

// 通过 schema 字符串生成 schema
val schema =
  StructType(
    schemaString.split(" ").map(fieldName => StructField(fieldName, StringType,
    true)))

// 将 RDD 中的记录转化为 row
val rowRDD = people.map(_.split(",")).map(p => Row(p(0), p(1).trim))

// 对 rowRDD 使用 schema
val peopleDataFrame = sqlContext.createDataFrame(rowRDD, schema)

// 将 peopleDataFrame 注册为表
peopleDataFrame.registerTempTable("people")

// SQL statements can be run by using the sql methods provided by sqlContext.
val results = sqlContext.sql("SELECT name FROM people")

//SQL 查询的结果返回 DataFrame，支持 RDD 操作
// The columns of a row in the result can be accessed by field index or by
field name.
results.map(t => "Name: " + t(0)).collect().foreach(println)
```

Spark SQL 通过 DataFrame 接口来支持操作不同种类的数据源，如 Hbase、HDFS、MongoDB、文件、JSON 等。默认的数据源为 parquet，若要改变默认的数据源，需要使用 spark.sql.sources.default 指定。示例代码如代码清单 6-6 所示。

代码清单 6-6　Spark SQL 读取数据源示例（一）

```
val df = sqlContext.read.load("examples/src/main/resources/users.parquet")
df.select("name", "favorite_color").write.save("namesAndFavColors.parquet")
```

另外，也可以使用数据源的完整类名（如 org.apache.spark.sql.parquet）来指定数据源。对于内置的数据源也可以使用缩写名，如 json,parquet,jdbc。使用这种方式，任何类型的 DataFrame 都可以被转化成其他类型，如示例代码清单 6-7 所示。

代码清单 6-7　Spark SQL 读取数据源示例（二）

```
val df = sqlContext.read.format("json").load("examples/src/main/resources/people.json")
df.select("name", "age").write.format("parquet").save("namesAndAges.parquet")
```

6.2　Spark Streaming

本节主要讲述 BDAS 中的一个重要模块，实时流计算框架 Spark Streaming。随着大数据的发展，人们对大数据处理的要求也越来越高，原有的批处理框架 MapReduce 适合离线计算，却无法满足实时性要求较高的业务，如实时推荐、用户行为分析等。Spark Streaming 是建立在 Spark 上的实时计算框架，通过它提供的丰富的 API、基于内存的高速执行引擎，用户可以结合流式、批处理和交互试查询应用。本节将介绍 Spark Streaming 实时计算框架的原理、架构及使用。

6.2.1　Spark Streaming 概述

Spark Streaming 是 Spark 的一个扩展，可以实现高吞吐量并具备容错机制的实时流数据的处理。它支持从多种数据源获取数据，包括 Kafk、Flume、Twitter、ZeroMQ、Kinesis 以及 TCP sockets。从数据源获取数据之后，可以使用诸如 map、reduce、join 和 window 等高级函数进行算法处理。最后将处理结果存储到文件系统、数据库或现场仪表盘（live dashboard）。事实上，用户还可以使用 Spark 的其他子框架，如机器学习、图处理算法等对数据流进行处理。

Spark Streaming 的处理流图如图 6-6 所示，从数据源获取数据之后，经过算法处理，最后将处理结果存储到 HDFS、数据库或者其他地方。

在 BDAS 中，Spark 的各个功能模块，都是基于 Spark 内核之上工作的。在 Spark Streaming 的内部处理机制中，先接收实时流的数据，进而根据一定的时间间隔切分成一批批（batches）的数据块，然后通过 Spark Engine 对这些批数据进行算法处理，最终得到处理后的一批批结果数据。具体过程如图 6-7 所示。

图 6-6　Spark Streaming

图 6-7　Spark Streaming 处理逻辑

在 Spark 内核中，切分后的批数据分别对应一个 RDD 实例。因此，对应流数据的 DStream（离散流，后面会讲到）可以看作是一组 RDD，即 RDD 序列。显而易见，在流数据被切分成一批一批后，会进入一个先进先出的队列，然后 Spark Engine 从该队列中依次取出一个个批数据，把批数据封装成一个 RDD，然后对 RDD 利用各种算子处理。细心的读者可以看出，这是一个典型的生产者消费者模型。在本节中涉及的来自 Spark Streaming 官方文档的术语较多，下面先来了解这些重要术语。

1）DStream（Discretized Stream，离散流）：即 Spark Streaming 对内部的持续实时数据流的高层抽象描述。即我们处理的一个实时数据流，在 Spark Streaming 中对应于一个 DStream 实例。DStream 可以从来自不同数据源（如 Kafka、Flume 等）的输入数据流中创建，也可以通过对其他 DStream 进行变换操作得到。在内部，每个 DStream 实际为由 RDD 组成的序列。

2）批数据（Batch data）：将实时流数据以时间片为单位进行切分，将流处理转化为时间片数据的批处理。随着持续时间的推移，这些处理结果就形成了对应的结果数据流。

3）批处理时间间隔（Batch interval）：即时间片。以时间片作为拆分流数据的依据。注意，一个时间片的数据对应一个 RDD 实例。

4）窗口长度（Window length）：一个窗口覆盖的流数据的时间长度，必须是时间片的倍数。

5）滑动时间间隔：前一个窗口到后一个窗口经过的时间长度，必须是时间片的倍数。

6）Input DStream：一个特殊的 DStream，将 Spark Streaming 连接到一个外部数据源来读取数据。

在流数据的处理过程中，数据的传递形式总体上可以分为三类。

1）最多一次（at-most-once）：消息可能会丢失，这通常是最不理想的结果。

2）最少一次（at-least-once）：消息可能会再次发送（没有丢失的情况，但是会产生冗余），该传递形式在许多用例中已经足够。

3）恰好一次（exactly-once）：每条消息都被发送且仅有一次（没有丢失，没有冗余）。这是最佳情况，尽管很难保证在所有用例中都实现。

除了 Spark Streaming 之外，目前业界用于流处理的还有另外一个框架，即 Storm。Storm 是一个分布式的、可靠的、容错的数据流处理系统。它会把工作任务委托给不同类型的组件，每个组件负责处理一项特定的任务。Storm 集群的输入流由一个被称作 spout 的组件管理，spout 把数据传递给 bolt，bolt 要么把数据保存到某种存储器，要么把数据传递给其他 bolt。一个 Storm 集群就是在不同的 bolt 之间转换 spout 传过来的数据。那么 Spark Streaming 与 Storm 相比，二者有何差异？下面从几个角度来比较分析二者的差异。

（1）处理模型和时延

虽然 Storm 和 Spark Streaming 都具备可扩展性（scalability）和可容错性（fault tolerance），但是它们的处理模型还是不同的。Storm 可以实现亚秒级时延的处理，每次只处理一条 event。而 Spark Streaming 可以在一个短暂的时间窗口中处理多个（batches）Event。因此可以说 Storm 可以实现亚秒级时延的处理，Spark Streaming 则有一定的时延。

（2）容错性

因为在 Storm 中，每条记录在系统的移动过程中都要被标记跟踪，所以 Storm 只能保证每条记录最少被处理一次，但是允许从错误状态恢复时被处理多次。这就意味着可变更的状态可能被更新两次，从而导致结果不正确。而 Spark Streaming 因为仅仅需要在批处理级别对记录进行追踪，所以能保证每个批处理记录仅被处理一次，即使是在某节点宕机的情况下。

（3）二者实现及编程模型

Storm 主要由 Clojure 语言实现，Spark Streaming 由 Scala 实现。Storm 由 BackType 和 Twitter 开发，而 Spark Streaming 是在 UC Berkeley 开发的。Storm 提供了 Java API，也支持其他语言的 API，而 Spark Streaming 支持 Scala、Java 和 Python。

（4）框架集成

Spark Streaming 的一个最重要的特性是它基于 Spark 框架上运行，这样用户就可以像开发其他批处理应用一样编写 Spark Streaming 程序，从而减少了很多额外的工作。

（5）产业支持

与 Spark Streaming 相比，Storm 出现时间更长一些，并且被 Twitter、雅虎、Spotify 和 The Weather Channel 等公司使用。而 Spark Streaming 是一个全新的项目，目前被亚马逊、雅虎、NASA JPL、eBay 还有百度等公司使用。此外，两者除了在各自的集群框架中运行，均可以在 YARN 和 Mesos 这两种资源管理框架上运行。

Storm 与 Spark Streaming 这两种框架在处理连续性的大量实时数据时均表现出色。那么在实际生产中到底使用哪一种好呢？实际上选择时并没有什么硬性规定，但可以有指导方针。如果企业想要的是一个允许增量计算的高速事件处理系统，Storm 会是最佳选择。它可以应对用户在客户端等待结果的同时，进一步进行分布式计算的需求。Storm 使用 Apache Thrift，用户可以用任何编程语言来编写拓扑结构。如果需要状态持续，同时或者达到恰好一次的传递效果，应当看看更高层面的 Trident API，它同时提供了微批处理的方式。如果企业要求有状态的计算，恰好一次的传递，并且不介意高时延，可以考虑 Spark Streaming。尤其是当计划图形操作、机器学习或者访问 SQL 时，Apache Spark 的 stack 允许将一些 library 与数据流相结合（Spark SQL、Mllib、GraphX），它们会提供便捷的一体化编程模型，特别是数据流算法（如 K 均值流媒体）促进了 Spark 实时决策，不过应当注意 Storm 与 Spark Streaming 也在持续不断地发展完善中。

6.2.2 Spark Streaming 的架构分析

前面已经讲过，Spark Streaming 将流式计算分解成一系列短小的批处理作业。这里的批处理引擎是 Spark Core，也就是把 Spark Streaming 的输入数据按照 batch size（如 1 秒）切分成一段一段的数据（Discretized Stream），每一段数据都转换成 Spark 中的 RDD（Resilient Distributed Dataset），然后将 Spark Streaming 中对 DStream 的 Transformation 操作变为针对 Spark 中对 RDD 的 Transformation 操作，将 RDD 经过操作变成中间结果保存在内存中。整个流式计算根据业务的需求可以对中间的结果进行叠加或者存储到外部设备。图 6-8 为 Spark Streaming 的整个流程。

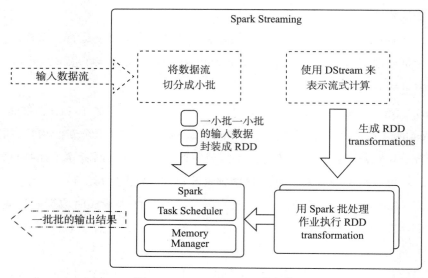

图 6-8　Spark Streaming 的架构

对于流式计算而言，容错性非常关键。在前面介绍 Spark 原理时，曾经讲过 Spark 中 RDD 的容错机制主要分为两部分：lineage 和 checkpoint。每一个 RDD 都是一个不可变的分布式可重算的数据集，其记录着确定性的操作继承关系（lineage）。所以在输入数据可重用的情况下，只要 RDD 的分区（Partition）出错，就可以利用原始输入数据通过转换操作重新算出。

对 Spark Streaming 来说，其 RDD 的传承关系如图 6-9 所示，图 6-9 中的每一个椭圆形表示一个 RDD，椭圆形中的每个圆形代表一个 RDD 中的一个 Partition，图 6-9 中每一列的多个 RDD 表示一个 DStream（图中有三个 DStream），而每一行最后一个 RDD 则表示每一个 Batch Size 产生的中间结果 RDD。可以看到图 6-9 中的每一个 RDD 都是通过 lineage 相连接的，由于 Spark Streaming 输入数据可以来自于磁盘，如 HDFS（多份拷贝）或是网络的数据流（Spark Streaming 会将网络输入数据的每一个数据流拷贝两份到其他的机器），都能保证容错性，所以 RDD 中任意的 Partition 出错，都可以并行地在其他机器上将缺失的 Partition 计算出来。Spark 的这种容错恢复方式比 Storm 的效率更高。

另外，Spark Streaming 将流式计算分解成多个 Spark Job，对于每一段数据的处理都会经过 Spark DAG 图分解以及 Spark 的任务集的调度过程。目前版本的 Spark Streaming 最小的 Batch Size 在 0.5~2s（Storm 目前最小的延迟是 100ms 左右），所以 Spark Streaming 能够满足除对实时性要求非常高（如高频实时交易）之外的几乎所有流式准实时计算场景。

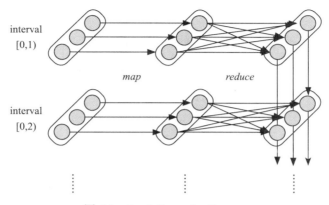

图 6-9 Spark Streaming lineage

6.2.3 Spark Streaming 编程模型

Spark Streaming 提出 DStream（Discretized Stream）作为持续数据流的抽象。这些数据流既可以通过外部输入源获取，也可以通过现有的 Dstream 的 transformation 操作来获得。在内部实现上，DStream 由一组时间序列上连续的 RDD 来表示，每个 RDD 都包含了自己特定时间间隔内的数据流。图 6-10 为 DStream 中在时间轴下生成离散的 RDD 序列。

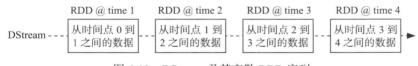

图 6-10 DStream 及其离散 RDD 序列

另一方面，对 DStream 中数据的各种操作也可以转换并映射到内部的 RDD 上来执行，如图 6-11 所示。对 Dtream 的操作可以通过 RDD 的 transformation 生成新的 DStream，当然，这一切都是基于 Spark。

至此，读者想必对 Spark Streaming 的原理有了一定的理解。下面重点介绍 Spark Streaming 的编程模型。作为构建于 Spark 之上的应用框架，Spark Streaming 承袭了 Spark 的编程风格，对于已经了解 Spark 的用户来说能够快速上手。Spark Streaming 官方网站提供了 WordCount 示例，本书将以这个经典的例子入手，来阐述 Spark Streaming 的编程模型。

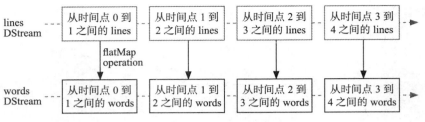

图 6-11　DStream 与 RDD

代码清单 6-8　WordCount 代码

```
import org.apache.spark._
import org.apache.spark.streaming._
import org.apache.spark.streaming.StreamingContext._ // not necessary since Spark 1.3

// The master requires 2 cores to prevent from a starvation scenario.
val conf = new SparkConf().setMaster("local[2]").setAppName("NetworkWordCount")

// 创建本地的 StreamingContext 并设定批处理时间间隔为 1s
val ssc = new StreamingContext(conf, Seconds(1))

// 创建 DStream 连接到指定的 hostname:port，如 localhost:9999
val lines = ssc.socketTextStream("localhost", 9999)

// 切分每行为单词
val words = lines.flatMap(_.split(" "))

import org.apache.spark.streaming.StreamingContext._ // not necessary since Spark 1.3

// 计算每批中的单词数量
val pairs = words.map(word => (word, 1))
val wordCounts = pairs.reduceByKey(_ + _)

// 在终端打印 DStream 中每个 RDD 的前 10 个单词
wordCounts.print()

ssc.start()               // Start the computation
ssc.awaitTermination()    // Wait for the computation to terminate
```

读者学习了 Spark SQL 的内容之后，不难从上面的 WordCount 例子中看出 Spark Streaming 编程模型的重要步骤，这里总结如下：

1）需要 import Spark Streaming 类及一些隐式转换，便于后续使用。因为 StreamingContext 是所有 streaming 功能的主入口，所以先要创建本地的 Streaming-Context 对象。需要注意的是，参数 Seconds（1）、Spark Streaming 需要指定处理数据的时间间隔，如上例所示的 1s，那么 Spark Streaming 会以 1s 为时间窗口进行数据处理。此参数需要根据用户的需求和集群的处理能力进行适当的设置。

2）创建 InputDStream。与 Storm 的 Spout 类似，Spark Streaming 需要指明数据源。如代码清单 6-8 中的 socketTextStream，Spark Streaming 以 socket 连接作为数据源读取数据。当然 Spark Streaming 支持多种不同的数据源，包括 Kafka、Flume、HDFS/S3、Kinesis 和 Twitter 等。

3）操作 DStream。对于从数据源得到的 DStream，用户可以在其基础上进行各种操作，如代码清单 6-8 所示的操作就是一个典型的 WordCount 执行流程：对于当前时间窗口内从数据源得到的数据首先进行分割，然后利用 Map 和 ReduceByKey 方法进行计算，当然最后还使用 print() 方法输出结果。

4）启动 Spark Streaming 之前，所做的所有步骤只是创建了执行流程，程序没有真正连接上数据源，也没有对数据进行任何操作，只是设定好了所有的执行步骤，ssc.start() 启动后，程序才真正执行所有既定的操作。

至此，读者应该对 Spark Streaming 的编程步骤有了初步的了解，后面会继续探究 Spark Streaming 的执行流程。

6.2.4 数据源 Data Source

数据源是流式计算的起点，Spark Streaming 提供了两种内置数据源，即基础来源（basic source）与高级源（advanced source），下面分别介绍。

1. 基础来源

基础来源即在 StreamingContext API 中直接可用的来源，如 file system、Socket 连接以及 Akka actors。

（1）从 Socket 连接创建

在前面程序示例中使用了 ssc.socketTextStream() 方法，即通过 TCP socket 套接字连接，从文本数据中创建了一个 DStream。

（2）从文件系统创建

Spark Streaming 提供了 streamingContext.fileStream（dataDirectory）方法可以从任何文件系统（如 HDFS、S3、NFS 等）的文件中读取数据，然后创建一个 DStream。Spark Streaming 监控 dataDirectory 目录和在该目录下任何文件的创建处理（不支持在嵌套目录下写文件）。需要注意如下几点：

1）读取的必须是具有相同数据格式的文件。

2）创建的文件必须在 dataDirectory 目录下，并通过自动移动或重命名成数据目录。

3）文件一旦移动就不能被改变，如果文件被不断追加，新的数据将不会被阅读。

对于简单的 text 文件，可以使用一个简单的方法 streamingContext.textFileStream（dataDirectory）来读取数据。

（3）从 Akka actors 创建

Spark Streaming 也可以基于自定义 Actors 的流创建 DStream，通过 Akka actors 接受数据流，创建方法为 streamingContext.actorStream（actorProps, actor-name）。Spark Streaming 也可以使用 streamingContext.queueStream（queueOfRDDs）方法创建基于 RDD 队列的 DStream，每个 RDD 队列将被视为 DStream 中一块数据流进行加工处理。

2. 高级来源

高级来源如 Kafka、Flume、Kinesis、Twitter 等。这一类的来源需要外部非 Spark 库的接口，其中一些有复杂的依赖关系（如 Kafka、Flume）。因此通过这些来源创建 DStreams 需要明确其依赖。例如，如果想创建一个使用 Twitter 数据的 DStream 流，可以参考如下步骤：

1）依赖：在 SBT 或 Maven 工程中添加 spark-streaming-twitter_2.10 及其依赖包。

2）开发：导入 TwitterUtils 包，通过 TwitterUtils.createStream 方法创建一个 DStream。

3）部署：部署应用程序。

如果需要在 Spark shell 中使用高级源，那么需要下载相应的 Maven 工程的 Jar 依赖并添加到类路径中，因为这些高级源一般在 Spark Shell 中不可用。

本章在写作时，Spark 已经发布了 1.5.2 版。下面列举一些和最新版 Spark 相兼容的高级源。

1）Kafka：Spark Streaming 1.5.2 与 Kafka 0.8.2.1 兼容。

2）Flume：Spark Streaming 1.5.2 与 Flume 1.6.0 兼容。

3）Kinesis：Spark Streaming 1.5.2 与 Kinesis Client Library1.2.1 兼容。

4）Twitter：通过 Spark Streaming 的 TwitterUtils 工具类使用 Twitter4j3.0.3 来获得 tweets 的公开流。

需要重申的一点是在开始编写自己的 SparkStreaming 程序之前，要将高级来源依赖的 Jar 添加到 SBT 或 Maven 项目相应的 artifact 中。除了上面列举的源之外，Input DStream 也可以创建自定义的数据源，需要做的就是实现一个用户定义的 Receiver。具体步骤可以参见官方文档，这里不再赘述。

6.2.5 DStream 操作

DStream 的操作可以分成三类：通用的转换操作、窗口转换操作和输出操作。

1. 通用的转换操作

一些通用的转换操作如表 6-1 所示。

表 6-1 DStream 中通用的转换操作

转换	描述
Map(func)	源 DStream 的每个元素通过函数 func 返回一个新的 DStream
flatMap(func)	类似于 map 操作，不同的是每个输入元素可以被映射出 0 或者更多的输出元素
filter(func)	在源 DStream 上选择 Func 函数返回仅为 true 的元素，最终返回一个新的 DStream
repartition(numPartitions)	通过输入的参数 numPartitions 的值来改变 DStream 的分区大小
union(otherStream)	返回一个包含源 DStream 与其他 DStream 的元素合并后的新 DStream
count()	对源 DStream 内部含有的 RDD 的元素数量进行计数，返回一个包含单元素 RDD 的新 DStream
reduce(func)	使用函数 func（有两个参数并返回一个结果）对源 DStream 中每个 RDD 的元素进行聚合操作，返回一个包含单元素 RDD 的新 DStream
countByValue()	计算 DStream 中每个 RDD 内的元素出现的频次并返回新的 DStream[(K,Long)]，其中 K 是 RDD 中元素的类型，Long 是元素出现的频次
reduceByKey(func,[numTasks])	当一个类型为 (K,V) 键值对的 DStream 被调用时，返回类型为（K,V）键值对的新 DStream，其中每个键的值 V 都是使用聚合函数 func 汇总
join(otherStream,[numTasks])	当被调用类型分别为（K,V）和（K,W）键值对的 2 个 DStream 时，返回类型为（K, (V, W)）键值对的一个新 DSTREAM
cogroup(otherStream,[numTasks])	当被调用的两个 DStream 分别含有（K,V）和（K,W）键值对时，返回一个（K,Seq[V], Seq[W]）类型的新的 DStream

转换	描述
transform(func)	通过对源 DStream 的每 RDD 应用 RDD-to-RDD 函数返回一个新的 DStream，这可以用来在 DStream 做任意 RDD 操作
updateStateByKey(func)	返回一个新状态的 DStream，其中每个键的状态是根据的前一个状态和键的新值应用给定函数 func 后的更新。这个方法可以用来维持每个键的任何状态数据

在图 6-12 列出的这些操作中，updateStateByKey 变换值得注意。updateStateByKey 操作允许用户维持任意状态，同时不断用新信息更新。要使用此功能只需两个步骤：

1）定义状态：可以是任意的数据类型。

2）定义状态更新函数：用一个函数指定如何使用先前的状态和从输入流中获取的新值，以更新状态。

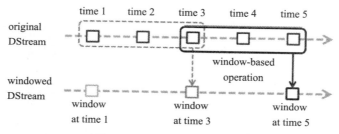

图 6-12　window 滑动示意图

下面用例子来说明。假如要统计文本数据流中的单词数。在这里，正在运行的计数是状态并且是一个整数，那么可以定义更新功能如代码清单 6-9 所示。

代码清单 6-9　定义计数更新功能

```
def updateFunction(newValues: Seq[Int], runningCount: Option[Int]): Option[Int]
= {
    // add the new values with the previous running count to get the new count
    val newCount = ...
    Some(newCount)
}
```

此函数应用于含有键值对的 DStream 中（如前面的示例中，DStream 含有（word，1）键值对）。它会针对里面的每个元素（如 wordCount 中的 word）调用更新函数，newValues 是最新的值，runningCount 是之前的值。

代码清单 6-10　更新计数

```
val runningCounts = pairs.updateStateByKey[Int](updateFunction _)
```

2. 窗口（Window）转换操作

Spark Streaming 允许通过滑动窗口对数据进行转换，窗口转换操作如表 6-2 所示：

表 6-2　窗口转换操作

转换	描述
window(windo wLength, slideInterval)	返回一个基于源 DStream 的窗口批次计算后得到新的 DStream
countByWindow(windowLength,slideInterval)	返回基于滑动窗口的 DStream 中的元素的数量
reduceByWindow(func, windowLength, slideInterval)	基于滑动窗口，对源 DStreamk 中的元素进行聚合操作，得到一个新的 DStream
reduceByKeyAndWindow(func, windowLength, slideInterval, [numTasks])	基于滑动窗口，对（K, V）键值对类型的 DStream 中的值按 K 使用聚合函数 func 进行聚合操作，得到一个新的 DStream
reduceByKeyAndWindow(func, invFunc, windowLength, slideInterval, [numTasks])	一个更高效的 reduceByKeyAndWindow() 实现版本，其中每个窗口的 reduce 值使用上一个窗口的 reduce 值增量计算而得
countByValueAndWindow(windowLength,slideInteravl,[numTasks])	基于滑动窗口，计算源 DStream 中每个 RDD 内每个元素出现的频次并返回 DStream[（K, Long]），其中 K 是 RDD 中元素的类型，Long 是元素频次

在 Spark Streaming 中，数据处理是按批（batch）进行的，而数据采集是逐条进行的。因此在 Spark Streaming 中会先设置好批处理间隔（batch duration），当超过批处理间隔时，会把采集到的数据汇集起来成为一批数据交给系统处理。

对于窗口操作而言，在其窗口内部会有若干批处理数据，批处理数据的大小由窗口间隔（window duration）决定，而窗口间隔指的就是窗口的持续时间。在窗口操作中，只有窗口的长度满足了，才会触发批数据的处理。除了窗口的长度，窗口操作还有另一个重要的参数就是滑动间隔（slide duration），它是指经过多长时间窗口滑动一次形成新的窗口，在这里必须注意的一点是滑动间隔和窗口间隔的大小必须设置为批处理间隔的整数倍。

如图 6-12 所示，批处理间隔是 1 个时间单位，窗口间隔是 3 个时间单位，滑动间隔是 2 个时间单位。对于初始的窗口 time 1-time 3，只有窗口间隔满足了，才触发数据的处理。这里需要注意的一点是，初始的窗口有可能流入的数据没有撑满，但是随着时间的推进，窗口最终会被撑满。当每过 2 个时间单位，窗口滑动一次后，会有新的数据流入窗口，这时窗口会移去最早的两个时间单位的数据，而与最新的两个时间单位的数据进行汇总形成新的窗口（time3-time5）。对于窗口操作，批处理间隔、窗口间隔和滑动间隔是非常重要的三个时间概念，读者务必掌握。

3. 输出（Output）操作

流计算的结果可以输出到外部系统，如数据库或文件系统。由于输出操作实际上使 transformation 操作后的数据可以通过外部系统被使用，同时输出操作触发所有 DStream 的 transformation 操作的实际执行（类似于 RDD 的 action 操作）。表 6-3 中列出了目前主要的输出操作。

表 6-3　主要输出操作

转换	描述
print()	在 Driver 中打印出 DStream 中数据的前 10 个元素
saveAsTextFiles(prefix, [suffix])	将 DStream 中的内容以文本的形式保存为文本文件，其中每次批处理间隔内产生的文件以 prefix-TIME_IN_MS[.suffix] 的方式命名
saveAsObjectFiles(prefix, [suffix])	将 DStream 中的内容按对象序列化并且以 SequenceFile 的格式保存。其中每次批处理间隔内产生的文件以 prefix-TIME_IN_MS[.suffix] 的方式命名
saveAsHadoopFiles(prefix, [suffix])	将 DStream 中的内容以文本的形式保存为 Hadoop 文件，其中每次批处理间隔内产生的文件以 prefix-TIME_IN_MS[.suffix] 的方式命名
foreachRDD(func)	最基本的输出操作，将 func 函数应用于 DStream 中的 RDD 上，这个操作会输出数据到外系统，比如保存 RDD 到文件或者网络数据库等。需要注意的是，func 函数是在运行该 streaming 应用的 Driver 进程中执行的

dstream.foreachRDD 是一个将数据输出到外部系统的操作，但如何正确有效地使用这个操作很重要。下面的程序示例展示了如何避免一些常见的错误。

通常将数据写入外部系统需要创建一个连接对象（如 TCP 连接到远程服务器），并用它来发送数据到远程系统。出于这个目的，开发者可能在不经意间在 Spark driver 端创建了连接对象，并尝试使用它保存 RDD 中的记录到 Spark worker 上，如代码清单 6-11 所示。

代码清单 6-11　创建连接对象错误方法（一）

```
dstream.foreachRDD { rdd =>
    val connection = createNewConnection()  // executed at the driver
    rdd.foreach { record =>
        connection.send(record) // executed at the worker
    }
}
```

这是不正确的，这需要连接对象进行序列化并从 Driver 端发送到 Worker 上。连接对象很少在不同机器间进行这种操作，此错误可能表现为序列化错误（连接对象不可序列化)、初始化错误(连接对象在需要在 Worker 上进行需要初始化)等。看到这里,开发者往往认为正确的解决办法是在 Worker 上创建的连接对象,如代码清单 6-12 所示。

代码清单 6-12　创建连接对象错误方法(二)

```
dstream.foreachRDD { rdd =>
    rdd.foreach { record =>
        val connection = createNewConnection()
        connection.send(record)
        connection.close()
    }
}
```

但这种方案也许会引发另外一个常见的问题:即为每条记录创建一个连接。通常情况下,创建一个连接对象必然会带来时间和资源方面的开销。因此,创建和销毁记录的连接对象会引发不必要的资源开销,并显著降低系统的吞吐量。一个更好的办法是使用 rdd.foreachPartition 方法创建一个单独的连接对象,然后使用该连接对象将 RDD 分区中的所有记录输出到外部系统,如代码清单 6-13 所示。

代码清单 6-13　正确的创建连接对象方法

```
dstream.foreachRDD { rdd =>
    rdd.foreachPartition { partitionOfRecords =>
        val connection = createNewConnection()
        partitionOfRecords.foreach(record => connection.send(record))
        connection.close()
    }
}
```

代码清单 6-13 将创建连接的开销分摊到了每条记录上。不过还可以在多个 RDDs/batches 之间重用连接对象来进一步优化代码效率。使用一个维护连接对象的静态池,连接对象可以重用在多个批处理的 RDD 上将其输出到外部系统,从而进一步降低了开销,如代码清单 6-14 所示。

代码清单 6-14　通过连接对象的静态池创建连接对象

```
dstream.foreachRDD { rdd =>
    rdd.foreachPartition { partitionOfRecords =>
        // ConnectionPool is a static, lazily initialized pool of connections
        val connection = ConnectionPool.getConnection()
```

```
        partitionOfRecords.foreach(record => connection.send(record))
        ConnectionPool.returnConnection(connection)  // return to the pool for
future reuse
    }
}
```

需要注意的是,在静态池中的连接应该按需延迟创建,这样可以更有效地把数据发送到外部系统,并且 DStreams 是延迟执行的,就像 RDD 的操作是由 action 触发一样。在默认情况下,输出操作会按照它们在 Streaming 应用程序中定义的顺序依次执行。

6.3 SparkR

6.3.1 R 语言概述

在介绍 SparkR 之前,需要先掌握 R 语言的一些基本知识。R 语言是用于统计分析、绘图的语言和操作环境,也是属于 GNU 系统的一个自由、免费、源代码开放的软件,它是一个用于统计计算和统计制图的优秀工具。它是统计领域曾经广泛使用的诞生于 1980 年左右的 S 语言的一个分支,也可以看作是 S 语言的一种实现。S 语言是由 AT&T 贝尔实验室开发的一种用来进行数据探索、统计分析、作图的解释型语言。最初 S 语言的实现版本主要是 S-PLUS。S-PLUS 是一个商业软件,它基于 S 语言,并由 MathSoft 公司的统计科学部进一步完善。后来 Auckland 大学的 Robert Gentleman 和 Ross Ihaka 及其他志愿者开发出 R 系统。R 的使用与 S-PLUS 有很多类似之处,两个软件有一定的兼容性。S-PLUS 的使用手册,只要经过不多的修改就能成为 R 的使用手册。换句话说:R 是 S-PLUS 的一个"克隆",但不同之处在于 R 语言是免费的。

总体而言,R.是一套完整的数据处理、计算和制图软件系统。其主要特征大致可以概括为如下几点:

1)数据存储和处理系统。

2)数组运算工具(其向量、矩阵运算方面功能尤其强大)。

3)完整连贯的统计分析工具。

4)优秀的统计制图功能。

5)简便而强大的编程语言:可操纵数据的输入和输出,可实现分支、循环,用户可自定义功能。

因此,与其说 R 是一种统计软件,还不如说 R 是一种数学计算的环境。因为 R 并不是仅仅提供若干统计程序，用户只需指定数据库，并指定若干参数，便可开始做统计分析。

R 在提供一部分统计工具的同时，还提供了各种数学计算、统计计算的函数，从而让用户能按照自己的需求来做数据分析，也可以开发符合需要的统计计算方法。R 内置了多种统计学及数字分析功能。R 语言的功能也可以透过安装套件（Packages，用户撰写的功能）来增强。增加的功能有特殊的统计技术、绘图功能，以及编程界面和数据输出/输入功能。这些软件包是由 R 语言、LaTeX、Java 及最常用 C 语言或 Fortran 语言开发的。下载的版本会包含一批核心功能的软件包，而根据 CRAN（The Comprehensive R Archive Network）统计，这些软件包超过了一千种。其中有几款较为常用，如用于经济计量、财经分析、人文科学研究以及人工智能。因为与 S 语言的天生血缘关系，R 比其他统计学或数学专用的编程语言具有更强的面向对象程序设计功能。此外虽然 R 语言是主要用于统计分析或者开发统计相关的软件，但也有人用作矩阵计算。其分析速度可与 GNU Octave 乃至商业软件 MATLAB 相媲美。

R 语言的语法与 C 语言有些类似，但在语义上是函数设计语言的（functional programming language）的变种并且和 Lisp 以及 APL 有很强的兼容性。特别的是，它允许在"语言上计算"（computing on the language）。这使得它可以把表达式作为函数的输入参数，而这种做法对统计模拟和绘图非常有用。

同时，R 是一个免费的自由软件，对于目前主流的平台都可以免费下载和使用。R 的主要网站是 http://www.r-project.org，在这里可以下载 R 的安装程序和源代码，及各种外挂程序和文档。

R 语言的擅长之处主要可以概括为如下几点：

1）统计计算（R 的强项）。

2）机器学习。

3）高性能计算（向量化与并行/分布式计算）。

4）矩阵运算。

5）编写接口与工具包。

6.3.2 SparkR 简介

SparkR 是一个 R 语言包，它提供了轻量级的前端方式，让用户可以在 R 语言中使用 Apache Spark。简而言之，SparkR 在 Spark 之上提供了 R 语言的 API 和运行时支持。在 Spark 1.5.0 中，SparkR 实现了分布式的 DataFrame，支持类似查询、过滤以及聚合等操作（类似于 R 中的 data frames：dplyr），但是 SparkR 中的 DataFrame 操作支持大规模分布式数据集。SparkR 同时也通过 MLlib 库支持机器学习。

DataFrame 是指数据被组织为一个带有列名称的分布式数据集，在形式上类似于关系型数据库中的表，也和 R 语言中的 data frame 类似。但是 SparkR 中的 DataFrame 提供了很多优化措施，构造 DataFrame 的方式也很多：可以在结构化的文件中构造，可以通过 Hive 中的表构造，还可以通过外部数据库构造或者是通过现有 R 的 data frame 来构造。

与前面几节类似，细心的读者也许早已预料到对于 SparkR 而言，其使用入口也离不开 SparkContext。SparkContext 将用户开发的 R 程序与 Spark 集群连接到了一起。创建 SparkContext 的方式是使用 sparkR.init 方法，同时可以传入参数，如应用程序名、依赖的 Spark 的包等。再者，为了操作 DataFrame，需要先创建 SQLContext，而 SQLContext 也是通过 SparkContext 来创建的。如果用户使用的是 SparkR shell，那么系统会自动为用户创建 SparkContext 和 SQLContext。关于创建 SparkContext 与 SQLContext，请读者阅读代码清单 6-15。

代码清单 6-15　创建 SparkContext 和 SQLContext

```
sc <- sparkR.init()
sqlContext <- sparkRSQL.init(sc)
```

6.3.3　DataFrame 创建

在创建 SQLContext 之后，可以通过如下几种途径来进一步创建 DataFrame：

1. 从本地的 R data frame 创建

创建 DataFrames 最简单的方式是将 R 的 data frame 转换成 SparkR DataFrame。具体而言，可以使用 createDataFrame 方法来创建，并传入本地 R 的 data frame 来创建 SparkR 的 DataFrames。代码清单 6-16 使用了 R 的 faithful 数据集来创建 DataFrame。

代码清单 6-16　使用 R 的 faithful 数据集创建 DataFrame

```
df <- createDataFrame(sqlContext, faithful)

# 将 DataFrame 中的内容输出到标准输出
head(df)
```

```
##   eruptions waiting
##1      3.600      79
##2      1.800      54
##3      3.333      74
```

2. 从数据源创建

利用 DataFrame 接口，Spark R 能够支持操作多种数据源。下面将介绍如何通过 Data Sources 提供的常用方法来加载和保存数据。读者若想了解更多的选项，可以自行参阅 Spark 官网上的 Spark SQL 编程指南。

在 Data Sources 中创建 DataFrames 的常用方法是使用 read.df。该方法需要传入 SQLContext、需要加载的文件路径以及数据源的类型。SparkR 内置支持读取 JSON 和 Parquet 文件，而且通过 Spark Packages，可以使用数据源连接器来读取常见类型的数据，如 CSV 和 Avro 文件。这些包既可以在 submit 时通过参数 "--packages" 指定，也可以使用 SparkR 命令。如果通过 init 方法创建 SparkContext，那么可以通过包的参数来指定包。如代码清单 6-17 所示。

代码清单 6-17 通过 init 方法创建 SparkContext

```
sc <- sparkR.init(sparkPackages="com.databricks:spark-csv_2.11:1.0.3")
sqlContext <- sparkRSQL.init(sc)
```

下面学习如何使用数据源 Data Source（该数据源使用了 JSON 样例作为输入文件）。注意这里使用的 JSON 文件不是典型的 JSON 文件。该文件中的每行必须包含一个独立的、自包含合法的 JSON 对象。因此，一个常规的多行 JSON 文件通常会导致失败。如代码清单 6-18 所示。

代码清单 6-18 使用数据源的方法（以 JSON 为例）

```
people <- read.df(sqlContext, "./examples/src/main/resources/people.json", "json")
head(people)

##    age    name
##1   NA Michael
##2   30    Andy
##3   19  Justin

# SparkR 自动从 JSON 文件推测 schema

printSchema(people)
```

```
# root
#  |-- age: integer (nullable = true)
#  |-- name: string (nullable = true)
```

Data Source 的 API 也被用来以多种文件格式的方式保存 DataFrames。例如，使用 write.df 方法，可以将前一个例子中的 DataFrame 保存为一个 parquet 文件。

代码清单 6-19　使用 write.df 方法保存 DataFrame 数据

```
write.df(people, path="people.parquet", source="parquet", mode="overwrite")
```

3. 从 Hive tables 创建

同理，也可以通过 Hive 中的表来创建 DataFrame。要达到这个目的，只需创建一个在 Hive MetaStore 中能访问表的 HiveContext 即可。如代码清单 6-20 所示。需要注意的是，在编译 Spark 时，需要包含对 Hive 的支持。对于 SQLContext 和 HiveContext 的区别，读者可以参考 Spark 官网上的 SQL 编程指南文档。

代码清单 6-20　从 Hive 中创建 DataFrame

```
# sc 是已有的 SparkContext

hiveContext <- sparkRHive.init(sc)

sql(hiveContext, "CREATE TABLE IF NOT EXISTS src (key INT, value STRING)")
sql(hiveContext, "LOAD DATA LOCAL INPATH 'examples/src/main/resources/kv1.txt' INTO TABLE src")

# HiveQL 形式的查询
results <- sql(hiveContext, "FROM src SELECT key, value")

# 结果是一个 DataFrame
head(results)
##  key   value
## 1 238 val_238
## 2  86 val_86
## 3 311 val_311
```

6.3.4　DataFrame 操作

SparkR DataFrames 支持一系列方法，用于结构化的数据处理。下面列举一些基本的例子，对于细节部分，请读者参考 Spark 官网的 API 文档。

1. 选择行和列

代码清单 6-21　结构化数据处理部分代码

```
# 创建 DataFrame
df <- createDataFrame(sqlContext, faithful)

# 获取 DataFrame 的基本信息
df
## DataFrame[eruptions:double, waiting:double]

# 选择 "eruptions" 列
head(select(df, df$eruptions))
##   eruptions
##1     3.600
##2     1.800
##3     3.333

# 列名可作为字符串传递
head(select(df, "eruptions"))

# 过滤，保留符合条件的行 (waiting 小于 50)
head(filter(df, df$waiting < 50))
##   eruptions waiting
##1     1.750      47
##2     1.750      47
##3     1.867      48
```

2. 分组（Grouping）和聚集（Aggregation）

SparkR DataFrame 同时也支持一系列通用的方法，用于 grouping 之后的数据聚集操作（Aggregation）。例如，可以针对 faithful 数据集中的 waiting time 计算柱状图，详见代码清单 6-22。

代码清单 6-22　计算柱状图

```
# 使用 'n' 运算符来统计每次 waiting time 出现时的 times 数量
head(summarize(groupBy(df, df$waiting), count = n(df$waiting)))
##   waiting count
##1      81    13
##2      60     6
##3      68     1
```

```
# 对聚集输出排序，获取最常见的 waiting times
waiting_counts <- summarize(groupBy(df, df$waiting), count = n(df$waiting))
head(arrange(waiting_counts, desc(waiting_counts$count)))

##   waiting count
##1       78    15
##2       83    14
##3       81    13
```

3. 列操作

SparkR 提供了能够应用于列的方法操作，用于数据处理或者聚集时。代码清单 6-23 展示了基本数学方法的使用。

代码清单 6-23　基本数学方法的使用

```
# 将 waiting time 格式转化成秒
# 注意，可以将 waiting time 赋给同一个 DataFrame 中的一个新列
df$waiting_secs <- df$waiting * 60
head(df)
##   eruptions waiting waiting_secs
##1     3.600      79         4740
##2     1.800      54         3240
##3     3.333      74         4440
```

4. SparkR 执行 SQL 查询

SparkR DataFrame 还可以被注册为 SparkSQL 中的临时表。将一个 DataFrame 注册为表后，用户可以对这些数据执行 SQL 查询。sql 函数使得应用能够以编程的方式执行 SQL 查询，并以 DataFrame 的方式返回结果。如代码清单 6-24 所示。

代码清单 6-24　注册临时表以及对该表执行 SQL 查询示例

```
# 读取 JSON 文件
people <- read.df(sqlContext, "./examples/src/main/resources/people.json", "json")

# 将 DataFrame 注册为 table
registerTempTable(people, "people")

# 用 sql 函数运行 SQL 语句
teenagers <- sql(sqlContext, "SELECT name FROM people WHERE age >= 13 AND age <= 19")
```

```
head(teenagers)
##     name
##1 Justin
```

5. 机器学习中的应用

通过调用 glm() 方法，SparkR 允许在 DataFrames 上拟合广义线性模型（generalized linear models）。在后台，SparkR 使用 MLlib 来训练指定 family 的模型。目前支持高斯和贝叶斯 family。SparkR 支持一部分 R 中用于模型拟合的公式运算符，包括"~"、"."、"+" 和 "-"。代码清单 6-25 演示了使用 SparkR 构建一个高斯 GLM 模型的过程（注：本书会在下节详细讲解 Spark 生态中的机器学习部分）。

代码清单 6-25　构建高斯 GLM 模型的过程

```
# 创建 DataFrame
df <- createDataFrame(sqlContext, iris)

# 在数据集之上，拟合线性模型
model <- glm(Sepal_Length ~ Sepal_Width + Species, data = df, family = "gaussian")

# 模型系数以一种类似格式被返回给 R 的本地 glm()
summary(model)
##$coefficients
##                       Estimate
##(Intercept)           2.2513930
##Sepal_Width           0.8035609
##Species_versicolor    1.4587432
##Species_virginica     1.9468169

# 基于模型的预测
predictions <- predict(model, newData = df)
head(select(predictions, "Sepal_Length", "prediction"))
##   Sepal_Length prediction
##1           5.1   5.063856
##2           4.9   4.662076
##3           4.7   4.822788
##4           4.6   4.742432
##5           5.0   5.144212
##6           5.4   5.385281
```

6.4 MLlib on Spark

机器学习（machine learning）是一门研究机器获取新知识和新技能，并识别现有知识的学科。机器学习是人工智能领域的分支，而体现"人工智能"的最基本的特征便是自我学习能力。机器学习作为提高机器智能的重要手段，得到了各个行业研究者的广泛关注，成为人工智能领域的研究核心之一。同时，机器学习在认知科学、心理学、教育学、哲学以及其他相关领域中受到广泛关注。

本章首先概要性地介绍机器学习的基本知识体系，随后介绍若干种典型的机器学习模型和算法，接着深入介绍 Spark 上的机器学习库 MLlib（Machine Learning Library），最后给出示例。

6.4.1 机器学习概述

目前，不同学派对机器学习的定义存在差异。某位从事机器学习研究的科学家曾说："令 W 是这个给定世界的有限或无限所有对象的集合，由于我们观察能力的限制，我们只能获得这个世界的一个有限的子集 $Q \in W$。机器学习的任务就是根据这个世界的对象子集 Q，计算这个世界的统计分布。这样，在统计意义下，这个分布对这个世界的绝大多数对象是正确的。这就是这个世界的一个模型。"事实上，人类通常认识世界的方法就是通过有限的特征去猜测和拟合由无限维特征构成的真实世界。因此上述描述相对于机器学习的范畴似乎太大了一些。不过究其本质，机器学习其实就是人类研究世界、认识世界的方法得到机器更强的计算和存储能力扩展后的延伸。

机器学习的研究大致分为如下几个发展阶段。

1. 通用的学习系统研究阶段

这一阶段可以追溯到 20 世纪 50 年代，当时人工智能的研究侧重于符号和方法的研究，而机器学习却致力于构造一个没有或者只有很少初始知识的通用系统，这种系统应用的主要技术有神经元模型、决策论和控制论。

由于当时信息技术落后的缘故，研究主要停留在理论探索和构造专用的实验硬件系统阶段。这种系统以神经元模型为基础，只带有随机的或部分随机的初始结构，然后给它一组刺激、一个反馈源和修改自身组织的足够自由度，使系统有可能自适应地趋向最优化组织。这种系统的代表是被称为感知器的神经网络。系统的学习主要靠神经元在传递信号的过程中，所反映的概率上的渐进变化来实现。同时也有人开发了应用符号逻辑来模拟神经元系统的工作,如 McCulloch 和 Pitts 用离散决策元件模拟神经元的理论。相关的工作包括进化过程的仿真,即通过随机演变和"自然"选择来创造智能系统,如 R.M.Friedberg 的进化过程模拟系统。这方面的研究形成了人工智能的一个新分支——模式识别,并创立了学习的决策论方法。这个方法的学习含义是从给定的例子集中,获取一个线性的、多项式的或相关的识别函数。

神经元模型的研究未取得实质性进展,并在 20 世纪 60 年代末走入低谷。而作为对照,一种最简单、最原始的学习方法——机械学习,却取得了显著的成功。该方法通过记忆和评价外部环境提供的信息来达到学习的目的。采用该方法的代表性成果是 A.L.Samuel 于 20 世纪 50 年代末设计的跳棋程序,随着使用次数的增加,该程序会积累性记忆有价值的信息,可以达到大师级水平。正是机械学习的成功激励了研究者们继续进行机器学习的探索性研究。

2. 基于符号表示的概念学习系统研究阶段

从 20 世纪 60 年代中叶开始,机器学习转入了第二个阶段的研究——即基于符号表示的概念学习系统研究阶段。当时,人工智能的研究重点已转到符号系统和基于知识的方法研究。如果说第一时期的研究是用数值和统计方法的话,这一时期的研究则综合了逻辑和图结构的表示。研究的目标是表示高级知识的符号描述及获取概念的结构假设。这时期的工作主要有概念获取和各种模式识别系统的应用。其中,最有影响的开发工作当属 Winston 的基于示例归纳的结构化概念学习系统。受其影响,人们研究了从例子中学习结构化概念的各种方法。也有部分研究者构造了面向任务的专用系统,这些系统旨在获取特定问题求解任务中的上下文知识,代表性工作有 Hunt 和 C.I.Hovland 的 CLS 和 B.G.Buchanan 等的 META-DENDRAL,后者可以自动生成规则来解释 DENDRAL 系统中所用的质谱数据。在这个阶段,机器学习的研究者们已意识到应用知识来指导学习的重要性,并且开始将领域知识编入学习系统,如 META-DENDRAL 和 D.B.Lenat 的 AM 等。

3. 基于知识的各种学习系统研究阶段

该阶段起始于 20 世纪 70 年代中期,注重基于知识的学习系统研究。人们不再局限于构造概念学习系统和获取上下文知识,同时结合了问题求解中的学习、概念聚类、类比推理及机器发现的工作。一些成熟的方法开始用于辅助构造专家系统,并不断地开发新的学习方法,使机器学习达到一个新的时期。这时期的工作特点主要有三个方面:

1）基于知识的方法：着重强调应用面向任务的知识和指导学习过程的约束。从早先的无知识学习系统的失败中吸取的教训就是：为获取新的知识，系统必须事先具备大量的初始知识。

2）开发各种各样的学习方法，除了早先从例子中学习外，各种有关的学习策略相继出现，如示教学习、观察和发现学习，同时出现了如类比学习和基于解释的学习等方法。

3）结合生成和选择学习任务的能力：应用启发式知识于学习任务的生成和选择，包括提出收集数据的方式、选择要获取的概念与控制系统的注意力等。

4. 联结学习和符号学习的深入研究

这个阶段开始于 20 世纪 80 年代后期，联结学习和符号学习的深入研究导致机器学习领域极大繁荣。首先，神经网络的研究重新迅速崛起，并在声音识别、图像处理等诸多领域得到很大成功。一批在机器学习第一时期中从事研究的学者，经过坚持不懈的努力，发现了用隐含层神经元来计算和学习非线性函数的方法，克服了早期神经元模型的局限性。计算机硬件技术的高速发展也为开发大规模和高性能的人工神经网络扫清了障碍，使得基于人工神经网络的联结学习（connectionist learning）从低谷走出，发展迅猛，并向传统的基于符号的学习提出了挑战。

同时，符号学习已经历了 30 多年的发展历程，各种方法日臻完善，出现了应用技术蓬勃发展的景象。最突出的成就有分析学习（特别是解释学习）的发展、遗传算法的成功和加强学习方法的广泛应用。尤其是近几年来，随着计算机网络和分布式计算框架的发展，基于网络的各种自适应、具有学习功能的软件系统的诞生将机器学习的研究推向新的高度，分布式计算平台已成为人工智能和机器学习的重要手段和条件。

6.4.2 机器学习的研究方向与问题

在机器学习领域，监督学习（supervised learning）、非监督学习（unsupervised learning）、半监督学习（semi-supervised learning）和强化学习（reinforcement learning）四类研究比较多，应用比较广的学习技术，下面对这四个概念介绍如下：

1）监督学习：通过已有的一部分输入数据与输出数据之间的对应关系，生成一个函数，将输入映射到合适的输出，如分类，目标是让计算机学习我们已经创建好的分类系统。

2）非监督学习：不告诉计算机怎么做，而是让机器自己去学习怎样做一些事情。

3)半监督学习:综合利用有类标的数据和没有类标的数据,来生成合适的分类函数。
4)强化学习:输出标签不是直接的对/不对,而是一种类似训练宠物的奖惩机制。

读者对上述概念的理解也许并不清晰。下面举例来说明上述定义。事实上很多机器学习算法都是在解决类别归属的问题,即给定一些数据,判断每条数据属于哪些类,或者和其他哪些数据属于同一类,等等。这样,如果我们直接就对这一堆数据进行某种划分(聚类),通过数据内在的一些属性和联系,将数据自动整理为某几类,这就属于非监督学习。如果我们一开始就知道了这些数据包含的类别,并且有一部分数据(训练数据)已经标上了类标,通过对这些已经标好类标的数据进行归纳总结,得出一个"数据→类别"的映射函数,来对剩余的数据进行分类,这就属于监督学习。而半监督学习是指在训练数据十分稀少的情况下,通过利用一些没有类标的数据,提高学习准确率的方法。强化学习类似训练宠物,训练者无法直接告诉它,做出某个手势时想要它做什么,或者它的反应是对是错。但是可以通过做对了奖励吃的,做错了就惩罚它的"奖惩方法"训练。虽然它还是无法和人直接沟通,不明白手势含义,但是渐渐使宠物能对手势做出正确反应。

有些时候,有类标的数据比较稀少,而没有类标的数据是相当丰富的,但是对数据进行人工标注又非常昂贵,这时候,学习算法可以主动提出一些标注请求,将一些经过筛选的数据提交给专家进行标注,这种学习方法被称为主动学习(active learning)。主动学习的过程用集合大致描述为:有一个已经标好类标的数据集 K(初始时可能为空)和还没有标记的数据集 U,通过 K 集合的信息,找出一个 U 的子集 C,提出标注请求,待专家将数据集 C 标注完成后加入 K 集合中,进行下一次迭代。

从定义来看,主动学习也属于半监督学习的范畴,但实际上是不同的。半监督学习和主动学习都属于利用未标记数据的学习技术,但其基本思想还是有区别的。如上所述,主动学习的"主动",指的是主动提出标注请求,也就是说,还是需要一个外在的能够对其请求进行标注的实体(通常就是相关领域人员),即主动学习是交互进行的。而半监督学习特指学习算法不需要人工干预,基于自身对未标记数据加以利用。

机器学习研究的问题大体可以归为三类:分类、回归、聚类。不难看出,这几类途径也是人类认识世界常见方式。下面分别介绍如下。

1)分类的概念很容易理解例如,在我们熟知的生物学中,通常把生物分为动物、植物、微生物,动物之下又分脊椎动物和无脊椎动物,脊椎动物又可以分为哺乳动物、鸟类、爬行动物、两栖类、鱼类,等等。通过一层层的划分,将拥有更多共性的对象放到一起成为一类,可以方便知识的积累和研究的深入。而在机器学习上所说的分类问题,与平时说的分类问题类似,就是将一个对象分入事先划分好的类别中。比如对一个新的物种,判断它是属于动物还是植物,这就可以算一个机器学习上的分类问题。

2)回归则是数学上的一个概念,学过统计学的读者应该都接触过。简单而言,回归主要是确定两种或两种以上变量间相互依赖的定量关系的一种统计方法。最简单的就是以前书本上的一元线性函数回归分析:已知$y=ax+b$,并且知道一系列的样本点$(x_1, y_1)$$(x_2, y_2)$……要求通过这些样本点推出$a$和$b$的值,从而得到$y$根据$x$变化的规律。回归分析的特点是需要事先知道变量服从哪一种大致规律(比如一元线性函数、一元二次函数、多元一次函数等),如果这个大致的规律没有猜对,之后无论用什么方法对参数进行拟合,都不会得到合适的结果。

3)聚类是将物理或抽象对象的集合分成由类似的对象组成的多个类的过程,从这个角度讲,它有点像分类。但它和分类不同的地方在于,分类是已经事先有了分好的类别,这就意味着这些类别也已经有大量已知的特征去刻画。聚类则是事先不知道这些分类的特征,只拿到一堆混杂的样本,利用这些样本之间的关系,自动划分出几个类别。然后如果有需要,可能会再对这些类别进行分析,对于稳定的聚类的结果可以作为之后分类方法的输入。类似于一杯水里混合了许多互不相溶的液体,这时可以用滤纸、分液法等方法对里面的液体进行分离,但是在分离之前,你并不知道最后会分出几种液体,分出的液体应该是什么样的你也不会知道。但是聚类之后的结果,你可以再进行研究,去定义这些新的分类。

机器学习的大部分问题都可以归结到这三类问题中,比如排序问题最后可以归结到分类上。而分类、回归、聚类的方法之间也不存在排他的界限,比如回归的结果可以作为分类的依据。聚类的方法可以作为分类的一个输入。

综上,机器学习方法是计算机利用已有的数据(可以称为经验),得出了具有某种规律的模型,并利用此模型预测未来的一种方法。机器学习与人类思考的经验过程是类似的,不过它能考虑更多的情况,执行更加复杂的计算。事实上,机器学习的一个主要目的就是把人类思考归纳经验的过程转化为计算机通过对数据的处理计算得出模型的过程。经过计算机得出的模型能够以近似于人的方式解决很多灵活复杂的问题,图6-13为机器学习与人脑学习的相似性。

另外从学科性质上来说,机器学习属于一门交叉学科,它与模式识别、统计学习、数据挖掘、计算机视觉、语音识别、自然语言处理等领域有着很深的联系。从范围上来说,机器学习跟模式识别、统计学习、数据挖掘在很大程度上是类似的。同时,机器学

习与其他领域的处理技术的结合,形成了计算机视觉、语音识别、自然语言处理等交叉学科。图 6-14 是机器学习涉及的一些相关范围的学科与研究领域。

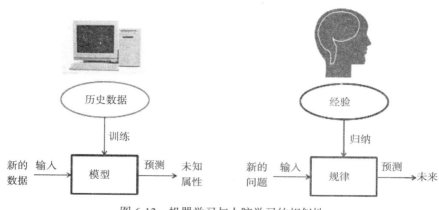

图 6-13　机器学习与人脑学习的相似性

图 6-14　机器学习与相关学科

下面介绍机器学习的常见算法。

6.4.3　机器学习的常见算法

随着科技的发展,计算机学习能力在逐步增强。尽管还无法与人类媲美,然而对于一些特定任务的算法已经实现。为实际应用开发出了很多计算机程序以实现计算机学习,同时商业化的应用也已经出现,并且在实践中证明了机器学习算法优于其他算法。

下面先介绍关于模型评估方面的知识;随后简单介绍一些常见算法,分为回归、分类、聚类、降维和特征选择 5 类,具体包括 lasso 回归、决策树、贝叶斯分类支持向量机等。

1. 模型评估与选择

在机器学习方法中,用于调节模型参数的数据集为训练集,对训练集应用机器学习方法,会得到表示为一个函数 $y(x)$ 的结果。函数 $y(x)$ 的准确形式在以训练集为基础的训练过程中就已经确定,这个过程被称为学习阶段。一旦模型训练出来就能预测新的数据。这些新的数据组成了测试集。正确预测与训练集不同的新样本的能力叫作泛化(generalization)。

我们希望机器学习学习到的函数 $y(x)$ 不仅对训练集,而且对测试集都有非常好的预测能。因此,我们希望能够评估模型的性能。同时对于一个问题,可能存在许多 $y(x)$,这时需要面临模型选择的问题。

下面介绍模型评估选择的基本知识,以及评估方法和性能指标。

(1)误差与模型选择

在开始介绍之前,先介绍两个非常有用的定理:

引理 1 一致限(the union bound)令 $A_1, A_2, \cdots, A_k$ 为 k 个不同的事件(不一定相互独立),那么:

$$P(A_1 \bigcup A_2 \bigcup \cdots \bigcup A_k) \leqslant P(A_1) + \cdots + P(A_k) \tag{1}$$

引理 2 Hoeffding 不等式(Hoeffding inequality)令 $Z_1, Z_2, \cdots, Z_m$ 为 m 个独立同分布的随机变量,由参数为 ϕ 的伯努利分布生成。令 $\hat{\phi} = \frac{1}{m}\sum_{i=1}^{m} Z_i$ 为随机变量均值,对于任意 $\gamma \geqslant 0$ 有:

$$P(|\phi - \hat{\phi}| \geqslant \gamma) \leqslant 2e^{-2\gamma^2 m} \tag{2}$$

$$P(|\phi - \hat{\phi}| \leqslant \gamma) \geqslant 1 - 2e^{-2\gamma^2 m} \tag{3}$$

引理 2 说明,假设用随机变量均值 $\hat{\phi}$ 去估计参数 ϕ,估计参数与实际参数的差超过一个特定数值的概率存在上确界,且随着样本量 m 的增大,$\hat{\phi}$ 逼近 ϕ 的概率也越来越大。

因此,得到机器学习的很重要的一个结论:考虑简单的二元分类问题,假定给定的

训练集 $S=\{(x^{(i)}, x^{(i)}); i=1,2,\cdots, m\}$，且各训练样本 $(x^{(i)}, x^{(i)})$ 独立同分布，都由某个特定分布生成。对于某个假设函数（hypothesis），定义训练误差（training error，也称为经验风险 empricial risk 或经验误差 empricial error）为：

$$\hat{\varepsilon}(h) = \frac{1}{m}\sum_{i=1}^{m} I\{h(x^{(i)}) \neq y^{(i)}\} \tag{4}$$

训练误差为模型在训练样本中误分类的比例。

接下来，定义泛化误差（generalization error）。

$$\varepsilon(h) = P_{(x,y)\bar{D}}(h(x) \neq y) \tag{5}$$

这里得到的是一个概率，表示通过特定分布 D 生成样本 (x, y) 中的 y 与通过预测函数 $h(x)$ 生成的结果不同的概率。更一般地，我们把学习器预测输出和样本真实输出之间的差异称为误差，模型在训练集上的误差称为训练误差，在新样本上的误差称为泛化误差。

对于二元分类，调整假设函数 $h\theta(x)=I\{\theta^T x \geq 0\}$ 中的 θ，使得训练误差最小：

$$\hat{\theta} = \arg\min_{\theta} \hat{\varepsilon}(h_\theta) \tag{6}$$

上式为经验风险最小化（Empirical Risk Mininmization，ERM），其 $\hat{h} = h_{\hat{\theta}}$ 中。基于 ERM 的算法可以视为最基本的学习算法，如线性回归和 logistic 回归。

在机器学习中，我们希望选择一个合适的，能够逼近最优假设函数的模型。但是追求训练集更高的预测能力，意味着更高的模型复杂度。这种现象称为过拟合（overfitting）。过拟合是指学习使选择的模型包含的参数过多，以致于出现这一模型对已知数据预测得很好，但对未知数据预测很差的现象。换句话说，模型选择的目的是避免过拟合并提高模型的预测能力。

当模型复杂度增大时，训练误差会逐渐降低并趋于 0；而测试误差会先减小再增大。当选择的模型复杂度过大时，过拟合的现象就会发，如图 6-15 所示。所以在学习时，必须防止过拟合，在模型选择中，选择适当复杂度的模型，以达到最小的模型预测误差。下面介绍常用的模型选择方法：正则化和交叉验证。

（2）正则化和交叉验证法

正则化是结构风险最小化策略的实现，是在经验风险最小化加上一个正则化项（regularizer）或罚项（penalty term）。

$$\hat{\theta} = \arg\min_{f \in F} \hat{\varepsilon}(h_\theta) + \lambda \sum_{j=1}^{n} \theta_j \tag{7}$$

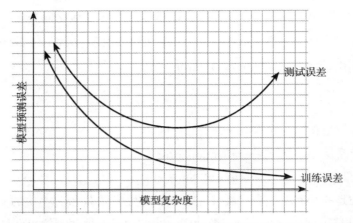

图 6-15　训练误差和测试误差与模型复杂度的关系

第二项是正则化项，$\lambda \geqslant 0$ 为了控制两个不同目标中的平衡关系。第一是我们希望模型具有较小的预测误差，同时希望参数值 θ 值较小。较小的参数值意味着光滑的函数，也就是更加简单的函数。因此不易于发生过拟合现象。正则化项可以是模型参数向量的范数。

另一种常用的方法是交叉验证（cross validation）。交叉验证本质上是重复利用数据，切分给定数据，将切分后的数据组合为训练集和测试集，并反复训练、测试，最后选择合适的模型。

简单交叉验证：首先随机切分数据集为两部分，如 70% 训练集和 30% 测试集。对训练集进行各种训练，接下来在测试集上验证各个模型，选择泛化误差最小的那个模型。

K 折交叉验证：先将数据集 D 划分为 k 个大小相似的互斥子集，也就是 $D=D_1 \cup D_2 \cup \cdots \cup D_k$，$D_i \cup D_j = \emptyset (i \neq j)$。每个子集 D_i 都尽可能地保持数据分布的一致性，换句话说从 D 中分层采样得到，然后每次用 $k-1$ 个子集的并集作为训练集，余下的子集作为测试集，这样可以得到 k 组训练/测试集，从而可进行 k 次训练和测试，最终返回的是这 k 个测试结果的均值。

（3）性能指标

在使用机器学习算法过程中，针对不同任务需要不同的评价指标，下面几点常用的指标，包括三类常见任务，如回归、分类和聚类的常用评价指标。

1）回归

回归问题相对比较简单，使用的评价指标也非常直观。假设有 n 个样本，y_i 是第 i 样本的真实值，$\hat{y}_i$ 是第 i 个样本的预测值。

则平均绝对误差为：

$$\text{MAE}(y, \hat{y}) = \frac{1}{n}\sum_{i=1}^{n}|y_i - \hat{y}_i| \qquad (8)$$

平均绝对误差（mean absolute error）又被称 $L1$ 为范数损失。

平方绝对误差为：

$$\text{MSE}(y, \hat{y}) = \frac{1}{n}\sum_{i=1}^{n}(y_i - \hat{y}_i)^2 \qquad (9)$$

平方绝对误差（mean squared error）又称为 $L2$ 范数损失。

解释变异为：

$$\text{explained variance}(y, \hat{y}) = 1 - \frac{\text{Var}\{y - \hat{y}\}}{\text{Var}y} \qquad (10)$$

解释变异（explained variance）是根据误差的方差计算得到的。

决定系数为：

$$R^2(y, \hat{y}) = 1 - \frac{\sum_{i=1}^{n}(y_i - \hat{y}_i)^2}{\sum_{i=1}^{n}(y_i - \overline{y})^2} \qquad (11)$$

其中，$\overline{y} = \frac{1}{n}\sum_{i=1}^{n}y_i$。决定系数（coefficient of determination）被称为 R^2。

代码清单 6-26　回归常用评价指标代码示例（一）

```
import org.apache.spark.mllib.evaluation.RegressionMetrics
import org.apache.spark.mllib.linalg.Vector
import org.apache.spark.mllib.regression.{LabeledPoint,
LinearRegressionWithSGD}
import org.apache.spark.mllib.util.MLUtils

// 加载数据
val data = MLUtils.loadLibSVMFile(sc,"data/mllib/sample_linear_regression_
data.txt")

// 建立模型
val numIterations = 100
val model = LinearRegressionWithSGD.train(data, numIterations)

// 获取预测
```

```
val valuesAndPreds = data.map{ point =>
  val prediction = model.predict(point.features)
  (prediction, point.label)
}

// 初始化指标对象
val metrics = new RegressionMetrics(valuesAndPreds)

// 平方误差
//R-squared = 0.027639110967837
println(s"MSE = ${metrics.meanSquaredError}")
println(s"RMSE = ${metrics.rootMeanSquaredError}")

// R^2
println(s"R-squared = ${metrics.r2}")

// 平均绝对值误差
//MAE = 8.148691907953312
println(s"MAE = ${metrics.meanAbsoluteError}")

// 解释变异
// 解释变异 = 2.8883952017178958
println(s"Explained variance = ${metrics.explainedVariance}")
```

2）分类

评价分类器性能的指标一般为准确率（accuracy），其定义为，对于给定的测试数据集，正确分类的样本数与总样本数之比。准确率其实是衡量分类正确的比例。假设有 n 个样本，y_i 是第 i 样本的真实类别，$\hat{y}_i$ 是第 i 个样本的预测类别。

准确率计算公式为：

$$\text{accuracy} = \frac{1}{n} \sum_{i=1}^{n} I(\hat{y}_i = y_i) \tag{12}$$

其中，$I(x)$ 是指示函数，当预测类别与真实类别完全一致时，准确率为 1，否则为 0。准确率适用范围很广，但在多分类的一些情况下区分度较差。

在二元分类问题中，通常使用精确率（precision）和召回率（recall）作为评价指标，也称之为查准率和查全率。定义关注的类为正类，其他的类为负类，分类会出现以下四种情况，分别记为：

TP：正类预测为正类数量。

FN：正类预测为负类数量。

FP：负类预测为正类数量。

TN：负类预测为负类数量。

从图形中观察分类四种情况的比率如图 6-16 所示。

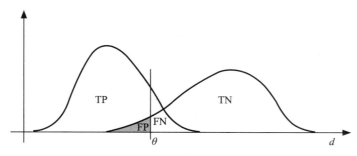

图 6-16　分类相关比率

精确率计算公式为：

$$\text{Precision}(A, B) = \frac{|A \cap B|}{|A|} \quad (13)$$

召回率定义为：

$$\text{Recall}(A, B) = \frac{|A \cap B|}{|B|} \quad (14)$$

在实际应用中，需要权衡精确率和召回率，一种是绘制精确率-召回率曲线（precision-recall curve），曲线下的面积称为 AP 分数（average precision score）；另外一种选择是计算 F_β 分数。

$$F_\beta = (1 + \beta^2) \cdot \frac{\text{precision} \cdot \text{recall}}{\beta^2 \cdot \text{precision} + \text{recall}} \quad (15)$$

其中，$\beta=1$ 时称为 F_1 分数，是分类和信息检索最常用的指标。

还有一种更简单、直观的方法，通过肉眼观察可以做出判断的评价指标，就是 ROC 曲线（Receiver Operating Characteristic Curve），如图 6-17 所示。ROC 曲线将灵敏度（真正率）与特异性（假正率）以图示方法结合在一起，能够准确反映分类灵敏度和特异性之间的关系，并且允许中间状态存在，可以把试验结果分为多个有序分类，利于用户结合专业知识，权衡漏判和误判的影响。

设模型预测正例为 A，实际正例集合为 B，所有样本集合为 C，称

$$\frac{|A \cap B|}{|B|} \tag{16}$$

为真正率（true-positive rate）。

$$\frac{|A-B|}{|C-B|} \tag{17}$$

为假正率（false-positive rate）。

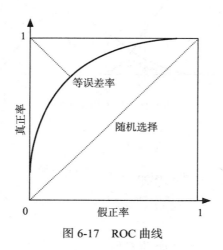

图 6-17 ROC 曲线

AUC（Area Under Curve）分数就是曲线下的面积，值越大意味着分类越好。

代码清单 6-27　分类常用评价指标代码示例（二）

```
import org.apache.spark.mllib.classification.LogisticRegressionWithLBFGS
import org.apache.spark.mllib.evaluation.BinaryClassificationMetrics
import org.apache.spark.mllib.regression.LabeledPoint
import org.apache.spark.mllib.util.MLUtils

// 以 LIBSVM 的格式加载数据
val data = MLUtils.loadLibSVMFile(sc, "data/mllib/sample_binary_classification_data.txt")

// 切分训练集（60%）和测试集（40%）
val Array(training, test) = data.randomSplit(Array(0.6, 0.4), seed = 11L)
training.cache()

// 运行训练算法建立模型
val model = new LogisticRegressionWithLBFGS()
  .setNumClasses(2)
```

```
    .run(training)

// 清楚预测阈值，模型返回概率
model.clearThreshold

// 计算测试集上的原始得分
val predictionAndLabels = test.map { case LabeledPoint(label, features) =>
  val prediction = model.predict(features)
  (prediction, label)
}

// 实例化指标对象
val metrics = new BinaryClassificationMetrics(predictionAndLabels)

// 精确率
val precision = metrics.precisionByThreshold
precision.foreach { case (t, p) =>
  println(s"Threshold: $t, Precision: $p")
}
//Threshold: 1.0, Precision: 1.0
//Threshold: 0.0, Precision: 0.6764705882352942


// 召回率
val recall = metrics.recallByThreshold
recall.foreach { case (t, r) =>
  println(s"Threshold: $t, Recall: $r")
}
//Threshold: 1.0, Recall: 0.9565217391304348
//Threshold: 0.0, Recall: 1.0

// 精确率 - 召回曲线
val PRC = metrics.pr

// F-score
val f1Score = metrics.fMeasureByThreshold
f1Score.foreach { case (t, f) =>
  println(s"Threshold: $t, F-score: $f, Beta = 1")
}
//Threshold: 1.0, F-score: 0.9777777777777777, Beta = 0.5
//Threshold: 0.0, F-score: 0.8070175438596492, Beta = 0.5

val beta = 0.5
val fScore = metrics.fMeasureByThreshold(beta)
f1Score.foreach { case (t, f) =>
```

```
    println(s"Threshold: $t, F-score: $f, Beta = 0.5")
}
//Threshold: 1.0, F-score: 0.9777777777777777, Beta = 0.5
//Threshold: 0.0, F-score: 0.8070175438596492, Beta = 0.5

// AUPRC
val auPRC = metrics.areaUnderPR
println("Area under precision-recall curve = " + auPRC)
//Area under precision-recall curve = 0.9929667519181585

// 使用 ROC 和 RP 计算阈值
val thresholds = precision.map(_._1)

// ROC 曲线
// auROC: Double = 0.9782608695652174
val roc = metrics.roc

// AUROC
val auROC = metrics.areaUnderROC
println("Area under ROC = " + auROC)
```

3）聚类

衡量聚类问题的指标主要介绍两种：互信息（也称为信息增益）和轮廓系数。

互信息（mutual information）可以用来衡量两个数据分布的吻合程度。假设和是个样本标签分配情况，则两种分布的熵（表示不确定程度）：

$$H(U) = \sum_{i=1}^{|U|} P(i)\log(P(i)), H(V) = \sum_{j=1}^{|V|} P'(j)\log(P'(j)) \tag{18}$$

其中，$P(i)=|U_i|/N, P'(j)=|V_j|/N$，有 U 和 V 的互信息为

$$MI(U,V) = \sum_{i=1}^{|U|}\sum_{j=1}^{|V|} P(i,j)\log\left(\frac{P(i,j)}{P(i)P'(j)}\right) \tag{19}$$

其中，$P(i,j)=|U_i \cap V_j|/N$，取值范围为 [0, 1]，值越大意味着聚类效果越好。标准化之后的互信息为：

$$NMI(U,V) = \frac{MI(U,V)}{\sqrt{H(U)H(V)}} \tag{20}$$

注意，使用互信息衡量聚类效果需要实际类别信息。而轮廓系数（silhouette coefficient）适用于实际类别信息未知的情况。对于单个样本，设 a 是与它同类别中其他样本的平均距离，b 是与它距离最近不同类别中样本的平均距离，轮廓系数为：

$$s = \frac{b-a}{\max(a,b)} \quad (21)$$

对于一个样本集合，它的轮廓系数就是所有样本轮廓系数的平均值。轮廓系数的取值范围是 [−1,1]，数值越高意味着同类别样本距离近，且不同类别样本距离远。

上面介绍了许多评价模型的指标，在实际应用中，需要根据不同情况选取不同的指标进行评估。

（4）衡量偏差与方差

对于算法，除了需要估计其泛化性能，还希望能够了解为什么能够具有这样的性能。"偏差 – 方差分解"就是解释机器学习算法泛化性能的重要工具。从数学上，可以证明泛化误差可以分解为偏差平方、方差以及噪声平方之和。让我们观察图 6-18。

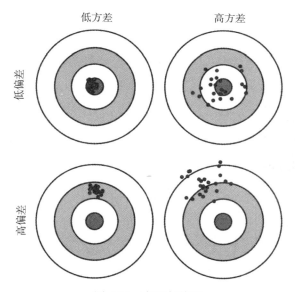

图 6-18　方差与偏差

图 6-21 中的红心代表实际值，蓝点代表预测结果。首先给出偏差和方差的定义。偏差是指预测值的期望与实际值之间的差距，差距越大，越偏离真实数据；方差是描述预测值的变化范围和离散程度，方差越大，数据分布越分散。

考虑偏差、方差和正则化参数、属性参数、样本数之间关系。首先，正则化参数 λ 比较大时，参数影响力非常小，这时候模型欠拟合，称为偏差大；当正则化参数 λ 比较小时，训练集的损失函数会非常小，但是测试集的损失函数会非常大，出现了过拟合，称为方差大。正则化参数与损失函数之间关系如图 6-19 所示。

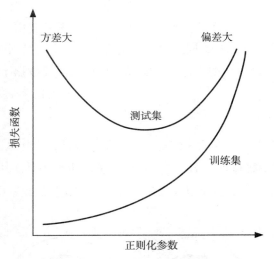

图 6-19　正则化参数与损失函数的关系

为属性参数多或者多项式最高指数项的指数很高时，对于训练样本容易满足，但是对于测试样本，会出现非常大的误差（过拟合）；相反，当参数项过少或者参数的多项式最高指数项比较低时，容易导致训练样本和测试样本都无法满足（欠拟合）。属性参数与方差、偏差的关系如图 6-20 所示。

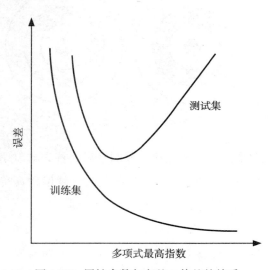

图 6-20　属性参数与方差、偏差的关系

现在，让我们考虑样本量与二者的关系。在其他条件不发生改变的情况下，样本量增多，训练样本的错误就会增加，直到饱和，但是误差的平均值没有太大变化；而样本较少时，虽然训练样本错误会比较少，但是因为欠拟合，测试集错误均值会比较高。

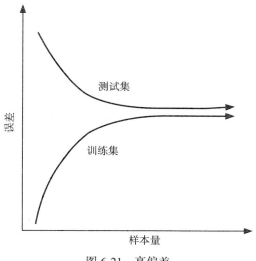

图 6-21　高偏差

如果有高偏差，增加样本量没有什么作用，因为高偏差意味着欠拟合。

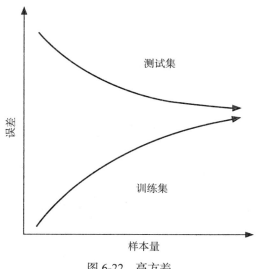

图 6-22　高方差

如果有高方差，意味着过拟合，增加样本，有可能优化。因此增加样本量是一种减小高方差的方法。对于解决高方差的问题还有：减少属性、降低高指数多项式；增大 λ；反之为高偏差的解决方法。

2. 回归

下面开始讨论最基础也是最常见的监督学习——回归问题。线性回归已经有了相当长时间的发展，即便在当今大数据的时代，依然有充分的理由研究并使用。线性模型非常简单，而且通常能对解释变量如何影响目标变化提供充分、可解释的描述。对于预测分析，线性模型通常优于非线性模型，尤其是在训练集数据量比较小、噪音低或数据稀疏的情况下更是如此。线性模型还可以作用在变换后的变量中，如对数变换等，扩展了其应用范围。对于因变量为分类变量的问题，介绍 logistic 回归。为了解决数据的多重共线性问题，引入岭回归和 lasso 回归。此外，许多非线性模型正是线性模型的直接推广。

（1）线性回归和最小二乘

回归问题的目标是在给定输入变量的情况下，预测一个或多个连续目标变量的值。线性回归模型最简单的形式是输入变量的线性函数，将一组输入变量的非线性函数进行线性组合，可以得到一类更实用的函数，被称为基函数（basis function）。这样的模型是参数为线性函数，输入变量是非线性的。

假设输入变量为 $X = (X_1, X_2, \cdots, X_n)$，并希望预测实际目标变量 Y。线性回归模型为：

$$h(x) = \theta_0 + \sum_{i=1}^{n} X_i \theta_i \tag{1}$$

这里 θ_i 为系数，变量 X_i 可能来自不同方式：

- 定量输入。
- 定量输入的变换，如对数、方根和平方等。
- 基展开，如 $X_2 = X_1^2$。
- 定性输入或哑元化。例如，Z 是 3 级输入变量，可以创建 X_j, $j=1,\cdots,3$，使得 $X_j = I(Z=j)$。这组 X_j 表现了 Z 的效果，因为在 $\sum_{j=1}^{3} X_j \beta_j$ 中，一个 X_j 为 1，其他为 0。
- 变量间的交互作用，如 $X_3 = X_1 \cdot X_2$。

假设有一个训练集 (x_1, y_1), (x_2, y_2), $\cdots (x_n, y_n)$，通过训练得到参数 θ。最常用的方法是最小二乘，希望最小化残差平方和，损失函数为：

$$J(\theta) = \frac{1}{2}\sum_{i=1}^{n}(y^{(i)} - h_\theta(x^{(i)}))^2 \qquad (2)$$

我们希望能够最小化 $J(\theta)$，即求出 $\min J(\theta)$。直观上，最小二乘拟合是不错的，能够度量平均拟合偏离程度，从而选取偏离程度最小的拟合函数。

接下来介绍一种求解 θ 的最优化算法——梯度下降算法（gradient descent）。它是一种搜索算法，其基本思想是赋予 θ 一个初始值，然后通过沿着负梯度方向更新 θ，使得 $J(\theta)$ 最小：

$$\theta_i := \theta_i - \alpha \frac{\partial}{\partial \theta_i} J(\theta) \qquad (3)$$

这里，α 称为学习率，α 的大小决定梯度下降的速率。如果沿正梯度方向搜索，得到最大值。化简上式得：

$$\begin{aligned}
\theta_j &:= \theta_j - \alpha \frac{\partial}{\partial \theta_j}\left(\frac{1}{2}\sum_{i=1}^{n}(y^{(i)} - h_\theta(x^{(i)}))^2\right) \\
&= \theta_j - \alpha(h_\theta(x) - y) \cdot \frac{\partial}{\partial \theta_j}\left(\sum_{i=1}^{n}(\theta_i x_i - y)\right) \\
&= \theta_j - \alpha \sum_{i=1}^{n}(h_\theta(x^{(i)}) - y^{(i)})x_j^{(i)}
\end{aligned} \qquad (4)$$

在上式中，迭代的速率与误差项（$h_\theta(x^{(i)}) - y^{(i)}$）以及 α 的值正相关，当 α（$h_\theta(x^{(i)}) - y^{(i)}$）过小时，$\alpha$ 收敛速率很慢，反之若 α（$h_\theta(x^{(i)}) - y^{(i)}$）过大，$\alpha$ 收敛速度就过快，可能无法收敛到局部最小值。

非线性回归是对输入变量应用变换，其展开等方法转化为线性模型，按线性回归方法进行拟合。接下来介绍如何使用 spark MLlib 进行回归，如代码清单 6-28 所示，然后接着讨论 Logistic 回归。

代码清单 6-28　线性回归代码示例

```
import org.apache.spark.mllib.linalg.Vectors
import org.apache.spark.mllib.regression.LabeledPoint
import org.apache.spark.mllib.regression.LinearRegressionModel
import org.apache.spark.mllib.regression.LinearRegressionWithSGD

// 加载切分数据
val data = sc.textFile("data/mllib/ridge-data/lpsa.data")
val parsedData = data.map { line =>
    val parts = line.split(',')
```

```
            LabeledPoint(parts(0).toDouble, Vectors.dense(parts(1).split(' ').map(_.
     toDouble))) }.cache()
// 建立模型
//RidgeRegressionWithSGD 和 LassoWithSGD 可以以类似 LinearRegressionWithSGD
// 的方式运行
val numIterations = 100
val stepSize = 0.00000001
val model = LinearRegressionWithSGD.train(parsedData, numIterations,stepSize)

// 训练集上评估模型并计算训练误差
val valuesAndPreds = parsedData.map { point =>
    val prediction = model.predict(point.features)
    (point.label, prediction)
}
val MSE = valuesAndPreds.map{ case(v, p) => math.pow((v - p), 2) }.mean()
//MSE: Double = 7.4510328101026
println("training Mean Squared Error = " + MSE)

// 保存加载模型
model.save(sc, "target/tmp/scalaLinearRegressionWithSGDModel")
val sameModel = LinearRegressionModel.load(sc, "target/tmp/scalaLinearRegressi
    onWithSGDModel")
```

（2）Logistic 回归

Logistic 回归是常见的二分类算法，在介绍 Logistic 回归之前，先简单了解一下 Logistic 函数。我们把型为 $g(z) = \dfrac{1}{1+e^{-z}}$ 的函数称为 Logistic 函数，也称为 sigmoid 函数，其函数图像类似图 6-23。

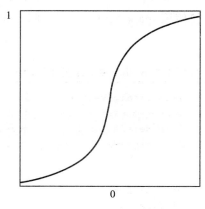

图 6-23　Logistic 函数图像

Logistic 函数在 ($-\infty$, $+\infty$) 是连续的，并且单调递增，同时是关于点 $\left(0, \frac{1}{2}\right)$ 对称的，并且值域为 [0, 1]。

假设有 n 个训练样本 $(x_1, y_1), (x_2, y_2), \cdots, (x_n, y_n)$，其中 $y \in \{0, 1\}$。其预测函数为：

$$h_\theta(x) = g(\theta^T x) = \frac{1}{1+e^{-\theta Tx}} \quad (5)$$

因为我们希望得到最优的参数 θ，令 $P(y=1|x; \theta)=h_\theta(x)$，所以 $P(y=0|x; \theta)=1-h_\theta(x)$。将上式合并得到：

$$P(y|x;\theta)=(h_\theta(x))^y(1-h_\theta(x))^{1-y} \quad (6)$$

其似然方程为：

$$L(\theta) = P(y|x;\theta) = \prod_{i=1}^{n}(h_\theta(x^{(i)}))^{y^{(i)}}(1-h_\theta(x^{(i)}))^{1-y^{(i)}} \quad (7)$$

化为对数形式：

$$l(\theta) = \log L(\theta) = \sum_{i=1}^{n} y^{(i)} \log h_\theta(x^{(i)}) + (1-y^{(i)})\log(1-h_\theta(x^{(i)})) \quad (8)$$

根据函数的性质可知，$L(\theta)$ 和 $l(\theta)$ 具有相同单调性，求解 $l(\theta)$ 的最大值即可。

对 $l(\theta)$ 求偏导：

$$\frac{\partial}{\partial \theta_j} l(\theta) = \sum_{i=1}^{n}(h\theta(x^i) - y^{(i)})x_i \quad (9)$$

利用梯度上升迭代求解参数 θ：

$$\theta_j := \theta_j - \alpha(h_\theta(x^{(i)}) - y^{(i)})x_j^{(i)} \quad (10)$$

看上去和线性模型的形式类似，但由于 $h_\theta(x)$ 不同，所以是两个不同的迭代公式。最后将求解的 θ 代入 $h_\theta(x)$ 中，如果 $h_\theta(x) \geqslant 0.5$，那么，$p(y=1|x;\theta|) \geqslant 0.5$，该样本属于正例的概率更大，因此将其归入正例所在的类；反之，若 $h_\theta(x) < 0.5$，该样本输入负例的概率更大，故将其归入负例所在的类。

代码清单 6-29　Logistic 回归代码示例

```
import org.apache.spark.SparkContext
import org.apache.spark.mllib.classification.{LogisticRegressionWithLBFGS,
LogisticRegressionModel}
import org.apache.spark.mllib.evaluation.MulticlassMetrics
import org.apache.spark.mllib.regression.LabeledPoint
```

```
import org.apache.spark.mllib.linalg.Vectors
import org.apache.spark.mllib.util.MLUtils

// 以 LIBSVM 格式加载数据
val data = MLUtils.loadLibSVMFile(sc, "data/mllib/sample_libsvm_data.txt")

// 切分数据训练集 (60%) 测试集 (40%)
val splits = data.randomSplit(Array(0.6, 0.4), seed = 11L)
val training = splits(0).cache()
val test = splits(1)

// 运行训练算法建立模型
val model = new LogisticRegressionWithLBFGS()
  .setNumClasses(10)
  .run(training)

// 在测试集计算得分
val predictionAndLabels = test.map { case LabeledPoint(label, features) =>
  val prediction = model.predict(features)
  (prediction, label)
}

// 获取评估指标
// Precision = 0.9705882352941176
val metrics = new MulticlassMetrics(predictionAndLabels)
val precision = metrics.precision
println("Precision = " + precision)
```

(3) 岭回归

在实际中，会出现两个或多个解释变量存在相关性的情况，这时候会出现多重共线性（multicollinearity）。模型或者数据微笑的变化都可能引起参数 θ 的较大变化，模型变得不稳定，同时不易于解释。如果存在高度多重共线性造成计算困难，如矩阵的逆可能易于求解。

在开始讲述岭回归之前，先介绍多重共线性的判别方法用到的两个参数：容忍度（tolerance）或者方差膨胀因子（Variance Inflation Factor，VIF）和条件数（condition number，常用 k 表示）。容忍度的定义为：

$$\text{tolerance} = 1 - R_j^2, \text{VIF}_j = \frac{1}{1 - R_j^2} \quad (11)$$

其中，R_j^2 是 x_j 为因变量时，对其他自变量回归的决定系数，容忍度太小（如小于 0.2 或 0.1）或 VIF 太大（如大于 5 或 10）表示多重共线性严重影响最小二乘的估计值。而条件数为：

$$\kappa = \sqrt{\frac{\lambda \max}{\lambda \min}} \quad (12)$$

其中，λ 为 $X^T X$ 的特征值（X 为自变量矩阵）。显然当 X 正交时，条件数 κ 为 1。当 $\kappa > 15$ 时，存在共线性问题，而 $\kappa > 30$ 说明具有严重的多重共线性问题。接下来介绍几种常用的处理多重共线性的方法，如岭回归（ridge regression）和 lasso 回归。

假定输入变量矩阵 $X=\{x_{ij}\}$ 的维度为 $n \times p$。前面介绍的最小二乘回归（ordinary leastsquares，ols）试图获取使得残差平方和最小的系数 θ，即：

$$\hat{\theta}^{(ols)} = \arg\min_{\theta} \sum_{i=1}^{n}(y^{(i)} - \theta_0 - \sum_{j=1}^{p} x_{ij}\theta_j)^2 \quad (13)$$

岭回归是加入一个正则化项约束系数，其罚项就是在上式中加入一项 $\lambda \sum_{j=1}^{p} \theta_j^2$。换句话说，岭回归的系数需要同时满足残差平方和最小，以及系数不能太大。

$$\hat{\theta}^{(ols)} = \arg\min_{\theta} \sum_{i=1}^{n}[(y^{(i)} - \theta_0 - \sum_{j=1}^{p} x_{ij}\theta_j)^2 + \lambda \sum_{j=1}^{p} \theta_j^2] \quad (14)$$

等价于在 $\lambda \sum_{j=1}^{p} \theta_j^2 \leqslant s$ 的约束条件下，满足：

$$\hat{\theta}^{(ridge)} = \arg\min_{\theta} \sum_{i=1}^{n}(y^{(i)} - \theta_0 - \sum_{j=1}^{p} x_{ij}\theta_j)^2 \quad (15)$$

这时，需要同时确定 λ 和 s，通常采用的方法是交叉验证或 Mallows.C_p。Mallows.C_p 会将整个模型的精确度和偏倚与具有最佳预测变量子集的模型进行比较，接近预测变量数加上常量数的 Mallows.C_p 值表明模型在估计真实回归系数和预测未来响应时，比较精确，无偏倚。从 k 个变量选取 p 个参与回归，那么 Mallows.C_p 统计量定义为：

$$C_p = \frac{SSE_p}{S^2} - n + 2p; \quad SSE_P = \sum_{i=1}^{n}(Y_i - Y_{pi})^2 \quad (16)$$

（4）Lasso 回归

Lasso 回归在原理上与岭回归类似，差别是在罚项中不是系数的平方，而是绝对值，即：

$$\hat{\theta}^{(ridge)} = \arg\min_{\theta} \sum_{i=1}^{n}(y^{(i)} - \theta_0 - \sum_{j=1}^{p} x_{ij}\theta_j)^2 \quad (17)$$

$$s.t. \quad \lambda \sum_{j=1}^{p} |\theta_j| \leqslant s$$

lasso 回归和岭回归的另一个不同之处是,不会缩小系数,而是筛选掉一些系数。

首先给出两个简单定义,L1 范数和 L2 范数。

$$\|x\|_1 = \sum_{i=1}^{n}|x_i| = |x_1| + |x_2| + \cdots + |x_n| \tag{18}$$

$$\|x\|_2 = \sqrt{\sum_{i=1}^{n}|x_i|} = \sqrt{x_1^2 + x_2^2 + \cdots + x_n^2} \tag{19}$$

显然,岭回归的罚项为 L2 范数式的,lasso 回归的罚项是 L1 范数式的。现在,讨论二者有什么区别。

使用梯度下降测试二者的下降速度(见图 6-24 和图 6-25)。

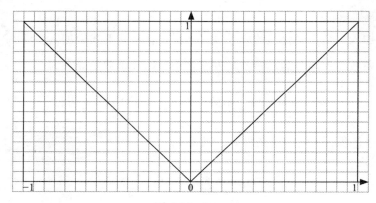

图 6-24 lasso

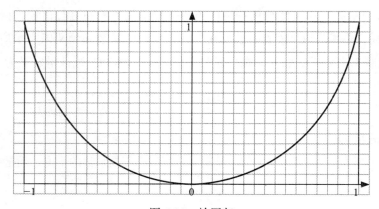

图 6-25 岭回归

L1 范数与 L2 范数的一个区别在于下降的速度不同,在 0 附近,lasso 回归下降速度要快。接下来从空间限制方面考虑二者的区别。

为了方便，我们考虑二种情况，在 ω_1, ω_2 平面绘制目标函数的等高线，约束条件在平面上形成一个 norm ball。等高线与 norm ball 首次相交的地方就是最优解（如图 6-26 所示）。

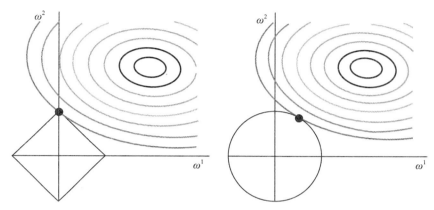

图 6-26　最优解几何解释

在目标函数与 L1-ball 相交于顶点，会产生 ω_1=0，产生稀疏性。而 L2 就没有这个优势。因此，L1 会趋于产生少量的特征，其他特征都为 0，而 L2 会选择更多的特征，这些特征会接近 0。Lasso 回归在特征选取时非常有用，而 Ridge 回归只是一种正则化。

3. 分类

分类是监督学习的一个核心问题。机器学习主要分为有监督学习（supervised learning）和非监督学习（unsupervised learning）。监督学习就是通过已有的训练样本（已知数据以及其对应输出），训练得到一个最优模型，再利用这个模型将所有输入映射为相应输出，并对输出进行简单的判断。非监督学习是没有任何训练样本，直接对数据建模，典型的例子是聚类。

在监督学习中，输入变量取有限个离散值时，回归问题变为了分类问题。这时，输入变量可以是离散的，也可以是连续的。从训练样本中学习一个分类模型或者分类决策函数，称为分类器（classifier）；分类器对新的输入预测时，称为分类（classification），其中可能的输出称为类（class）。类别为多个时，是多元分类。本书只考虑类别为 2 个的情况，也就是二元分类。

下面介绍决策树、贝叶斯分类、SVM 以及 K 近邻。

（1）决策树

决策树是一种分而治之（divide and conquer）的决策过程。通过对训练集的学习，挖掘有用规则，用于新输入的预测。主要特点是具有可读性，而且分类速度快。决策树学习主要包括三个步骤：特征选择、决策树生成以及剪枝。

接下来介绍决策树的基本概念，然后按照步骤学习介绍。

1）决策树模型

首先了解什么是决策树。分类决策树模型是一种描述对实例进行分类的树形结构。决策树的示意图如图 6-27 所示。决策树由节点（node）和有向边（directed edge）组成。在图 6-27 中顶端表示"天气"的节点为根节点（root node）；代表"湿度"与"风速"的节点为非叶子节点（non-leaf node），这两种节点统称为内部节点（internal node），内部节点表示一个特征或者属性。黑色的线表示分支（branch），代表对数据属性测试的结果；下侧的圆圈代表叶节点（leaf node），表示一个类。图 6-27 为根据天气判断是否要外出，最后分类结果为两类"否"和"是"。

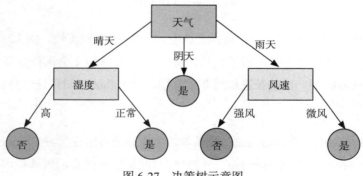

图 6-27　决策树示意图

用决策树分类，首先从根节点开始，对实例的某一特征进行测试，根据测试结果将实例分配到其子节点，每个子节点对应该特征的一个取值。递归地对实例进行测试并分配，直到生成叶节点，叶节点存放的类别作为分类结果。

可以看到，决策树的决策过程非常直观，易于理解。目前决策树已广泛应用于医学、制造产业、天文学、分支生物学以及商业等诸多领域。下面介绍决策树学习的内容。

决策树学习是通过对给定训练样本构建一个决策树模型，让它能够对特征进行正确分类。决策树算法分为两部分，训练和分类。其中决策树训练的是为了最小化损失函数或经验风险，确定每个分支的参数，以及叶节点的输出。决策树自上而下的循环分支学习使用贪心算法。在每一步选择中都采取当前状态下最好的选择,称为贪心算法。具体来说,给定一个分支节点,以及分配到该节点的训练样本,选取某个或某些特征,经过搜索不同的分支函数得到一个最优解(意思是在某种准则下收益最高或风险最小)。其中每个分支节点只关心自己的目标函数。

2)特征选择

特征选择在于选择对训练样本具有分类能力的特征。如果一个特征分类的结果和随机分类结果没有太大差别,那么这个特征是没有分类能力的。不使用这些特征对决策树学习的精度影响不大。通常采用的方法是信息增益或信息增益率。在讲信息增益之前,先了解熵的概念。

熵的本质是一个系统"内在的混乱程度"。在信息论和概率统计中表示为随机变量不确定的度量。设 X 是一个有限的离散随机变量,其概率分布为:

$$P(X=x_i)=p_i, i=1, 2, \cdots, n \tag{1}$$

那么随机变量 X 熵的定义为:

$$H(x) = -\sum_{i=1}^{n} p_i \log p_i \tag{2}$$

其中,约定当 $p_i=0$ 时,$0\log 0=0$。通常是以 2 或者 e 为底,并且熵的单位为比特(bit)或者纳特(nat)。

考虑二项分布情况,$P(X=1)=p$,$P(X=0)=1-p$,$0 \leq p \leq 1$,熵为:

$$H(x)=-p\log_2 p-(1-p)\log_2(1-p) \tag{3}$$

其关于 p 的变化曲线如图 6-28 所示。

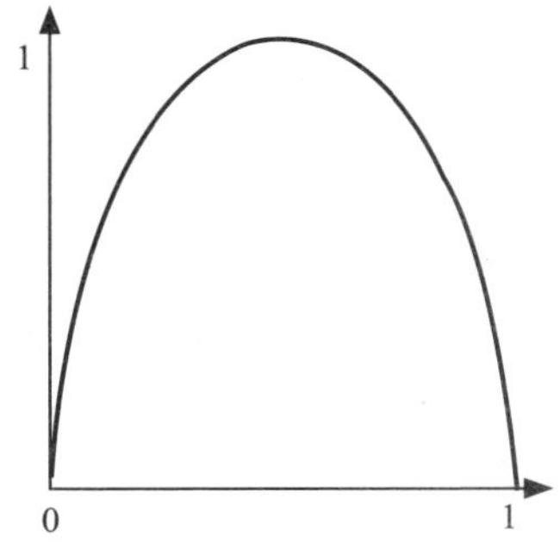

在 $p=1$ 和 $p=0$ 时,事件发生是必然的,熵为 0,$p=0.5$ 时,熵值最大,随机变量的不确定性也最大。

假设随机变量 (X, Y),并且其联合概率分布为:

$$P(X = x_i, Y=y_i) =p_{ij}, i=1,2,\cdots, n; j =1, 2, \cdots, m \tag{4}$$

条件熵 $H(X|Y)$ 表示在已知随机变量 X 的条件下随机变量 Y 的熵。定义为在给定随机变量 X 的条件下,随机变量 Y 的条件概率分布的熵对随机变量 X 的数学期望。

$$H(Y|X) = \sum_{i=1}^{n} p_i H(Y|X=x_i) \tag{5}$$

图 6-28 二项分布熵与概率变化情况

根据这两个定义,可以得到特征选择第一个度量指标。信息增益(也称为互信息,

mutual information），其含义是已知特征 X 的信息使得类 Y 的不确定性减少的程度。严格定义是，特征 A 对训练样本 D 的信息增益 $g(D, A)$，是集合 D 的熵 $H(D)$ 与在已知特征 A 的条件下，D 的条件熵 $H(D|A)$ 之差。

$$g(D|A) = H(D) - H(D|A) \quad (6)$$

在决策树中，$H(D)$ 表示对数据集 D 分类的不确定性；$H(D|A)$ 表示在特征 A 已知的情况下，对数据集 D 分类的不确定性。这是，它们的互信息，也就是信息增益表示因为特征 A 而使得数据集 D 的不确定性减少的程度。很明显，信息增益大的特征具有很强的分类能力。

根据信息增益选择特征的方法是：对训练样本 D，计算其每个特征的信息增益，比较其大小，选择信息增益最大的特征。

给定训练样本 D，$|D|$ 为样本容量。假定有 K 个类 C_k，$k=1, 2, \cdots, K$，$\sum_{i=1}^{K}|C_k|=|D|$。对于特征 $A \in \{a_1, a_2, \cdots, a_n\}$，将样本集合 D 分为 n 个子集 $D_1, D_2, \cdots, D_n$，$|D_i|$ 为样本数，$\sum_{i=1}^{n}|D_i|=|D|$。因此信息增益的算法为：

① 计算训练样本 D 的信息熵 $H(D)$。

$$H(D) = -\sum_{k=1}^{K}\frac{|C_k|}{|D|}\log_2\frac{|C_k|}{|D|} \quad (7)$$

② 计算特征 A 对训练样本 D 的条件熵 $H(D|A)$。

$$H(D|A) = \sum_{i=1}^{n}\frac{|D_i|}{|D|}H(D_i) \quad (8)$$

③ 计算信息增益。

$$g(D|A) = H(D) - H(D|A) \quad (9)$$

信息增益选择特征，偏向于选择取值多的特征。一种优化方式是使用信息增益率（information gain ratio）。其定义为：特征 A 对训练样本 D 的信息增益率 $g_R(D, A)$，是其信息增益 $g(D, A)$ 与训练样本 D 关于特征 A 的值的熵 $H_A(D)$ 之比。

$$g_R(D, A) = \frac{g(D|A)}{H_A(D)} \quad (10)$$

这里，$H_A(D) = -\sum_{k=1}^{n}\frac{|C_k|}{|D|}\log_2\frac{|C_k|}{|D|}$，$n$ 是特征 A 的个数。

最后，补充另外一种特征选择的方法——基尼系数。假设有 K 个类，样本点属于第

k 个类的概率为 p_k，则概率分布的基尼系数定义为：

$$Gini(p) = \sum_{k=1}^{K} P_k(1-p_k) = 1 - \sum_{k=1}^{K} p_k^2 \qquad (11)$$

3）剪枝

常见的决策树模型生成算法有 ID3 和 C4.5。ID3 算法的基本思想是贪心算法，采用自上而下的分而治之的方法构建决策树。对决策树各个节点上的使用信息增益选择特征，迭代构建决策树。具体是：从根节点开始，计算所有特征的信息增益，选择信息增益最大的特征作为节点，由该特征的不同取值构建子节点；再对子节点调用上述方法；直到某一子集中的数据都属于同一类别，或者没有特征可以再用于分割。ID3 算法总是选择具有最高信息增益的特征作为当前节点的测试属性，该属性使得结果划分后的样本分类所需的信息量最小，并反映划分的"不纯度"。这种方法使得一个对象分类所需的期望测试数目最小，并尽量确保一棵相对简单的树来刻画相关信息。

C4.5 和 ID3 完全一样，除了 C4.5 是使用信息增益率来选择特征。

根据前面分析可以发现，ID3 算法在计算信息增益时，由于信息增益存在内在偏置，偏向于具有更多值的特征，太多的属性值把训练样本分割成非常小的空间。因此这个属性可能会有非常高的信息增益，而且被选为根节点的决策属性，并形成一棵深度为 1 但是非常宽的树，这棵树可以理想地分类训练数据，但是对新的输入具有非常差的泛化能力。因为它过拟合了。

据研究表明，在多数情况下，过拟合会导致决策树的精度降低 10%～25%。过拟合不仅会影响决策树对未知数据的精度，还会导致树的规模增大。一方面，叶节点不断分割，在极端的情况下，一个叶节点只包括一个实例。此时决策树在训练样本上的精度达到了 100%，而且叶节点的个数为样本数，这样显然是没有意义的。另一方面，决策树不断向下生长，树的深度也在不断增加。由于每一条从根节点到叶节点的路径代表一条规则，树的深度很深，说明产生的规则更长。这样的规则是不容易理解的。综上所述，决策树的剪枝是有必要的。

一般情况下，可以使用以下两种方法进行剪枝：

① 在决策树完美分割训练样例前，停止决策树的生长。这种方法称为预剪枝方法。

② 与预减枝方法避免过度分割思想不同，一般情况即便决策树出现过拟合现象，仍允许其生长。在决策树完全生长之后，通过特定标准去掉原树的子树。

预剪枝方法其实是对决策树停止准则的优化。设定一个阈值 a，当一个节点分割导致熵减小的数量小于阈值 α 时，就把该节点看作一个叶节点。因此，阈值 α 的选择对决策树影响很大。在实际中，给出合适的阈值 α 还是相当困难的。

现在介绍后剪枝方法。一棵树可以看作一个或多个节点的有限集合 T，使得除根节点外，剩余节点被划分成 $m \geqslant 0$ 个不相交的集合 $T_1, T_2, \cdots, T_m$，而且每个集合也是一棵树。这些树被称为子树。因此，可以将决策树后剪枝方法看作去掉除根节点外，某些子树所有节点的过程。

可以通过极小化决策树整体损失函数来实现该方法。决策树损失函数的定义为：设树 T 的叶节点个数为 $|T|$，t 是树 T 的叶节点，该叶节点有 N_t 个样本。根据之前熵的相关定义，可以得到决策树的损失函数：

$$C_\alpha(T) = \sum_{t=1}^{|T|} N_t H_t(T) + \alpha |T| \tag{12}$$

上式中，$\sum_{t=1}^{|T|} N_t H_t(T)$ 表示模型对训练数据的预测误差，也就是说模型与训练样本的过拟合程度，$|T|$ 表示模型复杂度，α（$\alpha \geqslant 0$）控制两者之间的影响。较大的 α 趋于选择简单的树，较小的 α 偏向于选择复杂的，α=0 表示只考虑模型与训练样本过拟合程度。其中对于以 r 为根的子树，其 α 为：

$$\alpha = \frac{C(r) - C(R)}{<R_{\text{leaf}}> - 1} \tag{13}$$

这里，$C(r) = \sum_{t=1}^{|T|-1} N_t H_t(r) + \alpha$ 与 $C(R) = \sum_{t=1}^{|T|} N_t H_t(R) + \alpha |R\text{leaf}|$ 分别代表剪枝后和剪枝前的损失函数。

后剪枝方法是：对于给定的决策树 T_0，计算所有内部节点的 α，查找最小的 α 所在的节点，剪枝得到子树 T_k，重复上述步骤，直到决策树 T_k 只有一个节点，对得到的决策树子树序列 $T_0, T_1, T_2, \cdots, T_k$ 应用测试集选择最优子树。最优子树判断标准可以使用评价函数：

$$C(T) = \sum_{t \in \text{leaf}} N_t H_t(T) \tag{14}$$

先让我们看下使用决策树分类，具体见代码清单 6-30。

代码清单 6-30　决策树分类代码示例

```
import org.apache.spark.mllib.tree.DecisionTree
import org.apache.spark.mllib.tree.model.DecisionTreeModel
```

```
import org.apache.spark.mllib.util.MLUtils

// 加载切分数据集
// 必须以 LIBSVM 格式加载
val data = MLUtils.loadLibSVMFile(sc, "data/mllib/sample_libsvm_data.txt")
// Split the data into training and test sets (30% held out for testing)
val splits = data.randomSplit(Array(0.7, 0.3))
val (trainingData, testData) = (splits(0), splits(1))

// 训练决策树模型
// categoricalFeaturesInfo 为空表明所有特征是连续的
// 使用 Gini 系数,树的最大深度为 5,测试集误差使用准确率指标
val numClasses = 2
val categoricalFeaturesInfo = Map[Int, Int]()
val impurity = "gini"
val maxDepth = 5
val maxBins = 32

val model = DecisionTree.trainClassifier(trainingData, numClasses,
categoricalFeaturesInfo,
  impurity, maxDepth, maxBins)

// 在训练实例上评估模型,并计算测试误差
val labelAndPreds = testData.map { point =>
  val prediction = model.predict(point.features)
  (point.label, prediction)
}
val testErr = labelAndPreds.filter(r => r._1 != r._2).count().toDouble / testData.count()
println("Test Error = " + testErr)
//Test Error = 0.038461538461538464
println("Learned classification tree model:\n" + model.toDebugString)

//Learned classification tree model:
// DecisionTreeModel classifier of depth 2 with 5 nodes
//If (feature 434 <= 0.0)
// If (feature 99 <= 0.0)
//Predict: 0.0
// Else (feature 99 > 0.0)
// Predict: 1.0
// Else (feature 434 > 0.0)
// Predict: 1.0

// 保存加载模型
model.save(sc, "target/tmp/myDecisionTreeClassificationModel")
```

```scala
val sameModel = DecisionTreeModel.load(sc, "target/tmp/myDecisionTreeClassificationModel")
```

再让我们看下使用决策树进行回归,具体见代码清单6-31。

代码清单6-31 决策树回归代码示例

```scala
import org.apache.spark.mllib.tree.DecisionTree
import org.apache.spark.mllib.tree.model.DecisionTreeModel
import org.apache.spark.mllib.util.MLUtils

// 加载切分数据集
val data = MLUtils.loadLibSVMFile(sc, "data/mllib/sample_libsvm_data.txt")
// 切分数据为训练集和测试集 (30% 为测试集)
val splits = data.randomSplit(Array(0.7, 0.3))
val (trainingData, testData) = (splits(0), splits(1))

// 训练决策树模型
// categoricalFeaturesInfo 为空表明所有特征是连续的
// 使用 variance,树的最大深度为 5,测试集误差使用 MSE
val categoricalFeaturesInfo = Map[Int, Int]()
val impurity = "variance"
val maxDepth = 5
val maxBins = 32

val model = DecisionTree.trainRegressor(trainingData, categoricalFeaturesInfo,
  impurity,
  maxDepth, maxBins)

// 在训练实例上评估模型,并计算测试误差
val labelsAndPredictions = testData.map { point =>
  val prediction = model.predict(point.features)
  (point.label, prediction)
}
val testMSE = labelsAndPredictions.map{ case (v, p) => math.pow(v - p, 2)
}.mean()
println("Test Mean Squared Error = " + testMSE)
// Test Mean Squared Error = 0.03125000000000014
println("Learned regression tree model:\n" + model.toDebugString)

//Learned regression tree model:
//DecisionTreeModel regressor of depth 1 with 3 nodes
// If (feature 434 <= 0.0)
// Predict: 0.0
//Else (feature 434 > 0.0)
```

```
//Predict: 1.0
```

```
// 保存加载模型
model.save(sc, "target/tmp/myDecisionTreeRegressionModel")
val sameModel = DecisionTreeModel.load(sc, "target/tmp/myDecisionTree-
RegressionModel")
```

（2）贝叶斯分类

贝叶斯分类基于贝叶斯定理和特征条件独立假设。分类算法比较研究发现，朴素贝叶斯分类可以与决策树和经过挑选的神经网络分类器相媲美，而且对于大型数据库，贝叶斯分类法也表现出高准确率和高速度。

首先回顾概率论中的一些基本概念和贝叶斯定理，然后介绍简单贝叶斯分类的朴素贝叶斯分类。

假定 X 是数据集，H 是某种假设，比如数据集 X 属于某个特定类 C。那么在给定数据集的条件下，假设 H 的概率是：

$$P(H|X) = \frac{P(HX)}{P(X)} \tag{1}$$

其中 $P(H)$ 是先验概率（prior probability），$P(H|X)$ 是后验概率（posterior probability）。下面不加证明，直接给出贝叶斯定理：

$$P(H|X) = \frac{P(X|H)P(H)}{P(X)} \tag{2}$$

接下来探讨朴素贝叶斯分类法。设 X 是输入空间 $\chi \subseteq R^n$ 的 n 维特征向量，Y 是输入空间 $Y=\{c_1, c_2, \cdots, c_K\}$ 的随机变量，$P(X,Y)$ 是 X 和 Y 的联合概率分布。训练样本为 $T=\{(x_1, y_1),(x_2, y_2), \cdots,(x_N, y_N)\}$ 关于 $P(X,Y)$ 是独立同分布的。

朴素贝叶斯是通过训练样本学习联合概率分布 $P(X,Y)$。主要是通过学习先验概率 $P(Y=c_k)$，$k=1, 2,\cdots, K$ 和条件概率 $P(X=x|Y=c_k)$，$k=1, 2,\cdots, K$ 学习联合概率分布。

根据条件独立的假设，可以根据贝叶斯定理计算后验概率。其中条件独立假设是：

$$P(X=x|Y=c_k) = \prod_{i=1}^{n} P(X^{(i)}=x^{(i)}|Y=c_k) \tag{3}$$

后验概率为：

$$P(Y=c_k|X=x) = \frac{P(X=x|Y=c_k)P(Y=c_k)}{\sum_k P(X=x|Y=c_k)P(Y=c_k)} \tag{4}$$

将(3)式带入得到：

$$P(Y=c_k \mid X=x) = \frac{P(Y=c_k)\prod_j P(X^{(i)}=x^{(i)} \mid Y=c_k)}{\sum_k P(Y=c_k)\prod_j P(X^{(i)}=x^{(i)} \mid Y=c_k)} \tag{5}$$

由于所有 c_k 都是相同的，所以贝叶斯分类器可以表示为：

$$y = \arg\min_{c_k} P(Y=c_k) = P(Y=c_k)\prod_j P(X^{(i)}=x^{(i)} \mid Y=c_k) \tag{6}$$

在朴素贝叶斯方法中，将特征分配后验概率最大的类中，等价于期望风险最小化。

下面给出朴素贝叶斯分类算法。

对于训练样本 $T=\{(x_1,y_1),(x_2,y_2),\cdots,(x_N,y_N)\}$，其中 $x_i=(x_i^{(1)},x_i^{(2)},\cdots,x_i^{(n)})^T$，$x_i^{(j)}$ 是第 i 个样本的第 j 个特征 $x_i^{(j)} \in \{a_{j1},a_{j2},\cdots,a_jS_j\}$，$a_{jl}$ 是第 j 个特征第 l 个可能取值，$j=1,2,\cdots,n, l=1,2,\cdots,S_j, y \in \{c_1,c_2,\cdots,c_k\}$。先计算先验概率和条件概率：

$$P(Y=c_k) = \frac{\sum_{i=1}^N I(y_i=c_k)}{N}, k=1,2,\cdots,K$$

$$P(X^{(i)}=a_{jl} \mid Y=c_k) = \frac{\sum_{i=1}^N I(X^{(i)}=a_{jl}, Y=c_k)}{\sum_{i=1}^n I(y_i=c_k)} \tag{7}$$

$$j=1,2,\cdots,n, l=1,2,\cdots,S_j, k=1,2,\cdots,K$$

接下来对于给定的特征 $x=(x^{(1)}, x^{(2)}, \cdots, x^{(n)})^T$ 计算

$$P(X=x \mid Y=c_k) = \prod_{i=1}^n P(X^{(i)}=x^{(i)} \mid Y=c_k) \tag{8}$$

最后，确定特征 x 的类。

$$y = \arg\min_{c_k} P(Y=c_k)\prod_j P(X^{(i)}=x(i) \mid Y=c_k) \tag{9}$$

代码清单6-32　朴素贝叶斯代码示例

```
import org.apache.spark.mllib.classification.{NaiveBayes, NaiveBayesModel}
import org.apache.spark.mllib.util.MLUtils

// 以 LIBSVM 格式加载数据
val data = MLUtils.loadLibSVMFile(sc, "data/mllib/sample_libsvm_data.txt")

// 切分训练集 (60%) 和训练集 (40%)
val Array(training, test) = data.randomSplit(Array(0.6, 0.4))

val model = NaiveBayes.train(training, lambda = 1.0, modelType = "multinomial")
```

```
//accuracy: Double = 0.9423076923076923
val predictionAndLabel = test.map(p => (model.predict(p.features), p.label))
val accuracy = 1.0 * predictionAndLabel.filter(x => x._1 == x._2).count() /
test.count()

// 保存加载模型
model.save(sc, "target/tmp/myNaiveBayesModel")
val sameModel = NaiveBayesModel.load(sc, "target/tmp/myNaiveBayesModel")
```

（3）支持向量机

支持向量机（Support Vector Machine, SVM）是一种对线性和非线性数据进行分类的方法。简单来讲，它使用一种非线性映射，将原训练数据映射到较高维度。在新的维度上，搜索最佳分割超平面。使用足够高维上、合适的非线性映射，两个类的数据总可以被超平面分开，并使用支持向量和边缘发现超平面。支持向量机的学习策略是间隔最大化，形成一个求解凸二次规划（convex quadratic programing）问题。

1992 年，Vladimir Vapnik、Benrnhard Boser 和 Isabelle Guyon 发表了第一篇支持向量机的论文。尽管 SVM 训练非常慢，但是鉴于其对复杂非线性边界的建模能力，结果非常准确。相比于其他模型，不太容易过拟合。SVM 可以用于数值预测和分类，其已经用于众多领域，包括手写识别、对象识别和基准时间序列预测检验。下面介绍线性可分支持向量机理论。

1）线性可分支持向量机

为了便于了解 SVM，先考虑最简单的情况——二元分类问题，其中两个类是线性可分的。假设输入空间与特征空间为两个不同的空间。输入空间为欧氏空间或者离散集合，特征空间为欧氏空间或希尔伯特空间。线性可分支持向量机假设这两个空间元素一一对应，并映射输入空间的输入为特征空间中的特征向量。

假设给定特征空间的数据集 D 为 (x_1, y_1)，(x_2, y_2)，$\cdots$，(x_n, y_n)，其中 $x_i \in \chi = R^n$，$y_i \in \gamma = \{+1, -1\}$，$i=1, 2, \cdots, n$，$x_i$ 为第 i 个特征向量，具有类标号 y_i。y_i 可以取 +1，-1，分别对应类的正例或负例。(x_i, y_i) 成为样本点。

学习的目标是在特征空间中寻找一个分割超平面，能将实例划分为不同的类。分割超平面对应方程 $w \cdot x + b = 0$，由法向量 w 和截距 b 决定。考虑如图 6-32 所示的二元分类问题，图中圆圈代表正例，方框代表负例。从图 6-29 中可以很容易地发现，此数据是线性可分的。

给定线性可分训练数据集，通过间隔最大化或等价求解相应的凸二次规划问题学习得到的分割超平面为：

$$w^* \cdot x + b = 0 \quad (1)$$

决策函数为：

$$f(x) = sign(w^* \cdot x + b^*) \quad (2)$$

我们将这种对线性数据进行分类的方法称为线性可分支持向量机。

因为，可以画一条直线，将二者切分开。把分割直线扩展到三维，我们希望找出最佳分割平面。推广至 n 维，期望为找到最佳分割超平面。

下面介绍函数间隔和几何间隔，进一步研究最大化间隔的优化问题。

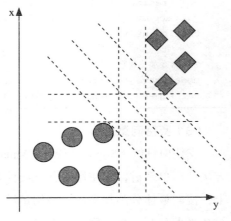

图 6-29　二元分类问题

2）函数间隔和几何间隔

特征空间中离超平面近的实例，具有较低的确信度。通常以实例至超平面的距离来衡量。在超平面 $w \cdot x + b = 0$ 确定的情况下，$|w \cdot x + b|$ 可以表示样本 x 距离超平面的远近。同时 $w \cdot x + b$ 的符号与类标记 y 是否相同可以判断分类效果。所以以 $y(w \cdot x + b)$ 度量分类确信度和正确性，称为函数间隔（functional margin）。

对于给定的训练数据集 T 和超平面 (w, b)，定义超平面 (w, b) 关于样本点 (x_i, y_i) 的函数间隔为

$$\hat{\gamma}_i = y_i (w \cdot x + b) \quad (3)$$

定义超平面 (w, b) 关于训练数据集 T 的函数间隔为：超平面 (w, b) 关于 T 中所有样本点 (x_i, y_i) 的函数间隔的最小值，即

$$\hat{\gamma} = \min_{i=1,\cdots,n} \gamma_i \quad (4)$$

判断分类预测的正确性和确信度可以使用函数间隔。但在选择分割超平面时存在弊端。成比例改变 w, b，函数间隔变为原来的 2 倍，但是超平面并没有改变。因此需要修改函数间隔，以满足需求。可以将分割超平面的法向量 w 规范化，保证间隔是确定的。在这种情况下，函数间隔变成几何间隔（geometric margin）。

对于给定的训练数据集 T 和超平面 (w, b)，定义超平面 (w, b) 关于样本点 (x_i, y_i) 的几何间隔为

$$\gamma_i = y_i \left(\frac{w}{\|w\|} \cdot x_i + \frac{b}{\|w\|} \right) \quad (5)$$

定义超平面 (w, b) 关于训练数据集 T 的函数间隔为：超平面 (w, b) 关于 T 中所有样本点 (x_i, y_i) 的几何间隔的最小值，即

$$\hat{\gamma} = \min_{i=1,\cdots,n} \gamma_i \qquad (6)$$

其中，$\|w\|$ 为 w 的 L_2 范数。超平面 (w, b) 关于样本点 (x_i, y_i) 的几何间隔是实例点到超平面的带符号距离。正确分类时就是实例点到超平面的距离。

从函数间隔和几何间隔的定义可以得出：

$$\gamma_i = \frac{\hat{\gamma}_i}{\|w\|} \qquad (7)$$

$$\gamma = \frac{\hat{\gamma}}{\|w\|} \qquad (8)$$

如果 $\|w\|=1$，则函数间隔与几何间隔相等。如果超平面参数 k 和 b 成比例改变（超平面固定），函数间隔将成比例改变，而几何间隔不变。

3）最大间隔

我们希望得到具有最小分类误差的分割超平面。但是，有可能存在无限多条分割超平面，如图 6-30 与 6-31 所示。SVM 通过搜索最大间隔超平面（Maximum Marginal Hyperplane，MMH）获取最优分割超平面。

由于几何间隔最大的分割超平面是唯一的。这意味着，可以以充分大的确定度对训练数据分类，同时保证有足够大的确信度划分离分割超平面最近的点。

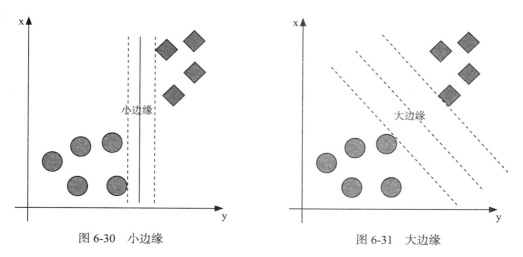

图 6-30　小边缘　　　　　　　　图 6-31　大边缘

对于间隔可以说从超平面到其边缘的一个侧面的最短距离等于从该超平面到其边缘

的另一个侧面的最短距离，其中边缘的"侧面"平行于超平面。在实际中，这个距离是从 MMH 到两个类最近的实例的最短距离。

将搜索几何间隔最大的超平面问题转换为带约束的最优化问题。

$$\max_{w,b} \quad \gamma \tag{9}$$

$$s.t. \quad y_i\left(\frac{w}{\|w\|} \cdot x_i + \frac{b}{\|w\|}\right) \geqslant \gamma, i=1,2,\cdots,n \tag{10}$$

根据几何间隔与函数间隔的关系公式（8），可以改写这个问题：

$$\max_{w,b} \quad \frac{\hat{\gamma}}{\|w\|} \tag{11}$$

$$s.t. \quad y_i(w \cdot x_i + b) \geqslant \hat{\gamma}, i=1,2,\cdots,n \tag{12}$$

函数间隔 $\hat{\gamma}$ 的取值并不影响最优化问题的求解。假如将 k 和 b 按比例改变为 kw 和 kb，函数间隔变为 $\lambda\hat{\gamma}$。并不影响上述最优化问题。最大边缘解可以根据下式求出：

$$\arg\max_{w,b}\left\{\frac{1}{\|w\|}\min_i[y_i(w_i \cdot x_i + b)]\right\} \tag{13}$$

直接求解这个问题非常复杂，需要一个等价的更容易求解的最优化问题。根据之前叙述的函数间隔的性质，可以取 $\hat{\gamma}=1$ 代入，因为最大化 $\frac{1}{\|w\|}$ 和最小化 $\frac{\|w\|^2}{2}$ 等价，于是得到下面线性可分支持向量机学习的最优化问题。

$$\min_{w,b} \quad \frac{\|w\|^2}{2} \tag{14}$$

$$s.t. \quad y_i(w \cdot x_i + b) - 1 \geqslant 0, i=1,2,\cdots,n \tag{15}$$

这是一个凸二次优化问题，引入 $\frac{1}{2}$ 是为了后续计算方便。

凸优化问题是指：

$$\min_w \quad f(w) \tag{16}$$

$$s.t. \quad g_i(x) \leqslant 0, i=1,2,\cdots,k \tag{17}$$

$$s.t. \quad h_i(x) = 0, i=1,2,\cdots,l \tag{18}$$

其中，目标函数 $f(w)$ 和约束函数 $g_i(w)$ 都是 R^n 上的连续可微的凸函数，约束函数 $h_i(w)$ 是 R^n 上的仿射函数。

当目标函数 $f(w)$ 是二次函数并且约束函数 $g_i(w)$ 是仿射函数时，上述凸优化问题为凸二次规划问题。

假如得到了约束问题（14）和（15）的解 w^*、b^*，就可以得到最大间隔超平面和分类决策函数。

在线性可分的情况下，训练数据集的样本点中与分割超平面距离最近的样本点的实例称为支持向量（support vector）。也就是说，支持向量是约束条件（15）等号成立的点。

$$y_i(w \cdot x_i+b)-1=0$$

对于 y_i=+1 的点，支持向量在超平面

$$H_1: w \cdot x+b=1$$

上，对于 y_i=-1 的点，支持向量在超平面

$$H_2: w \cdot x+b=-1$$

上，如图 6-32 所示，在 H_1、H_2 上的点就是支持向量。

H_1、H_2 为间隔边界，并且是平行的，其间没有样本点，最大间隔超平面在间隔边界中间且与之平行。它们之间的宽度称为间隔。间隔依赖于分割超平面的法向量 w，其值为 $\dfrac{2}{\|w\|}$。

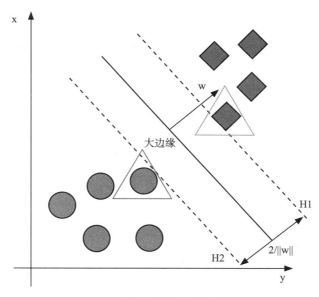

图 6-32　支持向量

支持向量决定间隔超平面，样本点中的其他实例没有此作用。如果移动支持向量，

上述最优化问题的所得解将改变；但是如果移动间隔边界的其他实例，不影响最终结果。正是由于支持向量在确定分割超平面中起着决定性的作用，所以将这种分类模型称为支持向量机。

4）对偶算法

为了求解线性可分支持向量机的最优化问题，根据拉格朗日函数性质，通过求解其对偶问题得到原始问题的最优解，这就是线性可分支持向量机的对偶算法。这样做的原因是，对偶问题更易于求解；其次是自然引入核函数，进而推广到非线性分类。

首先，应用拉格朗日函数。对每个约束不等式（15）引入拉格朗日乘子 $\alpha_i \geqslant 0$，$i=1, 2, n$，从而得到下面的拉格朗日函数。

$$L(w,b,\alpha) = \frac{1}{2}\|w\|^2 - \sum_{i=1}^{n}\alpha_i y_i(wx_i+b) + \sum_{i=1}^{n}\alpha_i \tag{19}$$

其中 $\alpha=(\alpha_1, \alpha_2, \cdots, \alpha_n)^T$，根据拉格朗日的对偶性，原始问题的对偶问题是极大极小问题。

$$\max_{\alpha}\min_{w,b}L(w,b,\alpha)$$

先求 $L(w,b,\alpha)$ 对 w,b 的极小，再求对 α 的极大。令 $L(w,b,\alpha)$ 关于 w 和 b 的导数为 0。

$$\nabla_w L(w,b,\alpha) = w - \sum_{i=1}^{n}\alpha_i y_i x_i = 0$$

$$\nabla_b L(w,b,\alpha) = \sum_{i=1}^{n}\alpha_i y_i = 0$$

得到

$$w = \sum_{i=1}^{n}a_i y_i x_i = 0 \tag{20}$$

$$\sum_{i=1}^{n}a_i y_i = 0 \tag{21}$$

使用这两个条件从 $L(w,b,\alpha)$ 中消除 w 和 b，得到最大间隔问题的对偶表示。

$$\begin{aligned}L(w,b,\alpha) &= \frac{1}{2}\sum_{i=1}^{n}\sum_{j=1}^{n}\alpha_i\alpha_j y_i y_j(x_i \cdot x_j) - \sum_{i=1}^{n}((\sum_{j=1}^{n}\alpha_j y_j x_j)\cdot x_i + b) + \sum_{i=1}^{n}\alpha_i \\ &= -\frac{1}{2}\sum_{i=1}^{n}\sum_{j=1}^{n}\alpha_i\alpha_j y_i y_j(x_i \cdot x_j) + \sum_{i=1}^{n}\alpha_i\end{aligned} \tag{22}$$

即

$$\min_{w,b} L(w,b,\alpha) = -\frac{1}{2}\sum_{i=1}^{n}\sum_{j=1}^{n}\alpha_i\alpha_j y_i y_j(x_i \cdot x_j) + \sum_{i=1}^{n}\alpha_i \tag{23}$$

求 $\min_{w,b} L(w,b,\alpha)$ 关于 α 的极大，就是对偶问题。

$$\begin{aligned}\max_{\alpha} \quad & -\frac{1}{2}\sum_{i=1}^{n}\sum_{j=1}^{n}\alpha_i\alpha_j y_i y_j(x_i \cdot x_j) + \sum_{i=1}^{n}\alpha_i \\ s.t. \quad & -\frac{1}{2}\sum_{i=1}^{n}\sum_{j=1}^{n}\alpha_i y_i = 0 \\ & \alpha_i \geqslant 0, i=1,2,\cdots,n\end{aligned} \tag{24}$$

将约束问题（24）的目标函数改为求极小，就得到下面等价的对偶最优问题。

$$\begin{aligned}\max_{\alpha} \quad & \frac{1}{2}\sum_{i=1}^{n}\sum_{j=1}^{n}\alpha_i\alpha_j y_i y_j(x_i \cdot x_j) - \sum_{i=1}^{n}\alpha_i \\ s.t. \quad & -\frac{1}{2}\sum_{i=1}^{n}\sum_{j=1}^{n}\alpha_i y_i = 0 \\ & \alpha_i \geqslant 0, i=1,2,\cdots,n\end{aligned} \tag{25}$$

这里核函数被定义为 $k(x,x')=(x_i \cdot x_j)$。

对偶问题使得模型可以使用核函数重新表示，因此最大间隔分类器可以高效地用于维数超过数据点数的特征空间。很明显核函数 $k(x,x')=(x_i \cdot x_j)$ 正定，确保了拉格朗日函数有上界。

为了使用训练过的模型，计算（2）中定义的 $f(x)$ 符号。使用（20）消去 w，$f(x)$ 可以由拉格朗日乘子 α_i 和核函数表示，即

$$f(x) = \sum_{i=1}^{n}\alpha_i y_i(x_i \cdot x_j) + b \tag{26}$$

满足 KKT 条件

$$\alpha_i \geqslant 0, i=1,2,\cdots,n \tag{27}$$

$$y_i(w^* \cdot x_i + b) - 1 \geqslant 0, i=1,2,\cdots,n \tag{28}$$

$$\alpha_i^*(y_i(w^* \cdot x_i + b) - 1) \geqslant 0, i=1,2,\cdots,n \tag{29}$$

因此，对于每个样本点，要么 $\alpha_i=0$，要么 $y_i(w^* \cdot x_i + b)=1$。任何使得 $\alpha_i=0$ 的样本点都不会出现在（26）中，满足 $\alpha_i > 0$ 的点称为支持向量。因此对新数据点的预测没有作用。由于支持向量满足 $y_i(w^* \cdot x_i + b)=1$，因此它们对应于特征空间中位于最大间隔超平面内的点。一点模型训练完毕，相当多的数据点都可以被丢弃，只保留支持向量。

解决凸优化问题,找到 α 值之后,根据 $\alpha_i=0$,要么 $y_i(w^* \cdot x_i+b)=1$,可以确定参数阈值 b 的值。

$$b^* = y_i - \sum_{i=1}^{n} \alpha_i^* y_i(x_i \cdot x_i) \quad (30)$$

对于线性可分的问题,上述线性可分支持向量机的学习算法是完美的。但实际中往往不是线性可分的,即在样本中出现噪音。

另外,学习后的 SVM 的复杂度是由支持向量数决定的,而不是数据维度。因此与其他模型相比,SVM 不容易过拟合。具有少量支持向量的 SVM 可以具有很好的泛化性能,即便数据维度很高。代码清单 6-33 是 SVM 代码示例。

代码清单 6-33　SVM 代码示例

```
import org.apache.spark.mllib.classification.{SVMModel, SVMWithSGD}
import org.apache.spark.mllib.evaluation.BinaryClassificationMetrics
import org.apache.spark.mllib.util.MLUtils
import org.apache.spark.mllib.optimization.L1Updater

// Load training data in LIBSVM format.
val data = MLUtils.loadLibSVMFile(sc, "data/mllib/sample_libsvm_data.txt")

// Split data into training (60%) and test (40%).
val splits = data.randomSplit(Array(0.6, 0.4), seed = 11L)
val training = splits(0).cache()
val test = splits(1)

// 运行训练算法建立模型
// SVMWithSGD.train() 默认使用 L2 正则和 1.0 的正则系数
val svmAlg = new SVMWithSGD()
svmAlg.optimizer.setNumIterations(200).setRegParam(0.1).setUpdater(new L1Updater)
val model = svmAlg.run(training)

// 清除默认阈值
model.clearThreshold()

// 计算测试集原始得分
val scoreAndLabels = test.map { point =>
  val score = model.predict(point.features)
  (score, point.label)
}

// 获取评价指标
```

```
val metrics = new BinaryClassificationMetrics(scoreAndLabels)
val auROC = metrics.areaUnderROC()

println("Area under ROC = " + auROC)

// 保存加载模型
model.save(sc, "target/tmp/scalaSVMWithSGDModel")
val sameModel = SVMModel.load(sc, "target/tmp/scalaSVMWithSGDModel")
```

4. 聚类

在之前分类部分提到的典型无监督学习算法就是聚类，因为它不依赖已有既定的先验知识。聚类就是将一群物理对象或者抽象对象划分成相似的对象类的过程。其中类簇是数据对象的集合，类簇中的所有对象相似，而类簇之间的对象之间差异较大。

聚类除了可以用于数据分割外，还可以用于检测离群点。在一般情况下，聚类可以分为以下几类：划分聚类（partitioning cluster）、层次聚类（hierarchical cluster）、密度聚类（density cluster）、基于网格聚类（grid-based cluster）、基于模型聚类（model-based cluster）。

K-means 是一种基于距离的迭代式算法。它将 n 个观测样本划分到 k 个聚类中，以使每个观测样本距离它所在的聚类质心是最近的。其中距离的计算可以是欧氏距离、曼哈顿距离、Jarcard 相似度或者其他距离公式。

要将每个观测样本划分到距离最近的聚类中心，需要找到这些聚类中心的具体位置，但为了确定聚类中心的位置，需要知道这个类包含哪些观测样本。这是一个 NP-Hard 问题。

可以通过启发式的算法近似解决这个问题。首先降低问题的难度，找到多个局部最优方案，然后通过评估聚类结果，选择评估最优的聚类结果作为聚类的结果。

K-means 算法以 k 为参数，把 n 个对象分为 k 个簇，使簇内具有高相似度，簇间具有低相似度。K-means 算法处理过程大致如下：首先随机选取 k 个对象，每个对象代表了一个一个簇的中心，对剩余的每个样本，通过计算与簇心的距离，并将其赋予相似度最高的簇，然后重新计算每个簇的平均值。不断重复这个过程，直到簇心不再变化，或者满足收敛准则。收敛准则通常采用平常误差准则，其定义为：

$$E = \sum_{i=1}^{k} \sum_{p \subset C_i} |p - m_i|^2$$

这里 E 是训练样本所有实例平方误差总和，p 是样本点，m_i 是簇 C_i 的平均值。

K-means 是解决聚类问题的经典算法，对处理大数据集，依然可以保持可伸缩性和高效率。特别是当簇接近高斯分布时，效果较好。不过算法只能找到局部最优解，并且非常依赖初始簇心的选取。可以使用不同的随机簇心运行算法，评估模型，选择模型最优的方案。同时 K 值的选取也是算法效果优劣的影响因素之一，选取一个序列的 k，对每个 k 运行算法，选择评价最优的 k。不过这有一个问题，随着 k 的增大，聚类中心也会越多，这时每个样本与簇心的距离平方和就会越小。最后一点就是，K-means 对离群点和噪音非常敏感。K-means 代码示例如代码清单 6-34 所示。

代码清单 6-34　K-means 代码示例

```
import org.apache.spark.mllib.clustering.{KMeans, KMeansModel}
import org.apache.spark.mllib.linalg.Vectors

// 加载切分数据
val data = sc.textFile("data/mllib/kmeans_data.txt")
val parsedData = data.map(s => Vectors.dense(s.split(' ').map(_.toDouble))).cache()

// 使用 KMeans 聚类，类簇为 2
val numClusters = 2
val numIterations = 20
val clusters = KMeans.train(parsedData, numClusters, numIterations)

// 通过计算平方误差和评估簇
// WSSSE: Double = 0.11999999999994547
val WSSSE = clusters.computeCost(parsedData)
println("Within Set Sum of Squared Errors = " + WSSSE)

// 保存加载模型
clusters.save(sc, "target/org/apache/spark/KMeansExample/KMeansModel")
val sameModel = KMeansModel.load(sc, "target/org/apache/spark/KMeansExample/KMeansModel")
```

5. 降维

数据降维是指通过线性或者非线性映射将高维数据转换为低维数据。高维数据中包含大量的冗余信息以及隐藏重要关系的特征，降维的目的是在保持原始数据的分类或者决策能力的前提下，消除冗余，减少处理的数据量，因而被广泛应用于机器学习相关的领域。

随着计算机的发展，人们采集到的数据包含大量的特征，使得数据的维度可能达到几千或者几万维。如果直接使用原始数据进行模型训练，会带来两个棘手的问题：

1）在低维空间具有良好性能的算法，在高维中不可行。

2）在给定样本容量的前提下，特征维度的增加使得估计变得困难，从而影响模型的泛化能力，导致过拟合。为了避免这种情况发生，样本容量必须随着维度的增加而增加，这就是所谓的"维度灾难"。例如 KDD Cup 2009 在预测客户流失量中使用的数据集维度达到了 1 500 维。

在大数据时代，数据越多越好已经成为公理。正如前面提到的数据集包含大量冗余时，会严重影响模型的性能。在此基础上，移除信息量较少甚至无用的信息可能会帮助我们构建更具扩展性、通用性的模型。

在实际中，常用的数据降维方法包括缺失值比率、随机森林/组合树、主成分分析、因子分析、聚类、相关性分析等。下面我们主要介绍奇异值分解和主成分分析，主成分分析有两种实现方法：①通过特征值分解实现；②利用奇异值分解实现。

（1）奇异值分解

特征值分解和奇异值分解的目的相同，都是从矩阵中提取重要的特征。这里先介绍特征值分解。

如果一个向量 v 是一个方阵 A 的特征向量，那么有

$$Av=\lambda v \tag{1}$$

其中 λ 是矩阵 A 的特征值，矩阵的特征向量是正交的。特征值分解是将一个矩阵分解为如下形式：

$$A=Q\Sigma Q^{-1} \tag{2}$$

这里，Q 是由矩阵 A 的特征向量构成的矩阵，Σ 是一个对角矩阵，对角线上的元素就是特征值。在线性代数中定义的矩阵与向量的乘积是线性映射。如果矩阵是对称的，对角线元素的值大于 1 代表对应的特征拉长，反之，则缩短；如果矩阵不是对称的，对相应特征做拉伸变换。

分解得到的 Σ 矩阵中的对角线元素是从大到小排列的，这些特征值对应的特征向量描述矩阵的变化方向。如果矩阵是高维的，那么通过特征值分解得到的前 N 个特征向量，也就得到了这个矩阵最主要的 N 个变化方向。但是特征值分解有一个弊端，就是矩阵必须是方阵。

下面探讨奇异值分解。对于一个方阵来说，用特征值分解提取特征是不错的方法。

但在实际中很少遇见。对于非方阵的矩阵分解，可以使用奇异值分解：

$$A_{m \times n} = U_{m \times n} \sum_{m \times n} V_{n \times n}^{-1} \tag{3}$$

这里，U 中的向量称为左奇异向量，并且是正交的，Σ 除了对角线元素都是 0 外，对角线上的元素是奇异值。

通过特征值的方式来求解奇异值。$A \times A^T$ 得到一个方阵，这个方阵的特征值为：

$$(A * A^T) v_i = \lambda_i v_i \tag{4}$$

$$\sigma = \sqrt{\lambda_i} \tag{5}$$

$$\mu_i = \frac{A v_i}{\sigma_i} \tag{6}$$

其中 v 是右奇异向量，σ 是奇异值，μ 是左奇异向量。奇异值和特征值类似，都是从大到小排列的，很多情况下很少的奇异值就占了奇异值总和的 99% 以上。也就是说我们可以将占奇异值之和 99% 的奇异值近似矩阵表示如下：

$$A_{m \times n} \approx U_{m \times r} \sum_{r \times r} V_{r \times n}^{-1} \tag{7}$$

这样得到了矩阵 A 的一个近似，r 与 n 越接近，得到的结果越精确。

代码清单 6-35　奇异值分解代码示例

```
import org.apache.spark.mllib.linalg.Matrix
import org.apache.spark.mllib.linalg.SingularValueDecomposition
import org.apache.spark.mllib.linalg.Vector
import org.apache.spark.mllib.linalg.Vectors
import org.apache.spark.mllib.linalg.distributed.RowMatrix

val data = Array(
  Vectors.sparse(5, Seq((1, 1.0), (3, 7.0))),
  Vectors.dense(2.0, 0.0, 3.0, 4.0, 5.0),
  Vectors.dense(4.0, 0.0, 0.0, 6.0, 7.0))

val dataRDD = sc.parallelize(data, 2)

val mat: RowMatrix = new RowMatrix(dataRDD)

// 计算前 5 个奇异值和相应的奇异向量
val svd: SingularValueDecomposition[RowMatrix, Matrix] = mat.computeSVD(5, computeU = true)
val U: RowMatrix = svd.U   //  U 是一个 RowMatrix
```

```
val s: Vector = svd.s    // 奇异值被存储在本地稠密向量中
val V: Matrix = svd.V    // V是一个本地稠密向量
```

(2) 主成分分析

主成分分析（Principal Component Analysis，PCA）是典型的线性降维方法，目标是通过某种线性投影，将高维空间数据映射到低维空间表示，并期望在投影的维度上方差最大，从而减少数据维度。

如果将所有的点映射到一起，那么将丢失所有信息，如果映射后的方差最大，那么数据会很分散，保留的数据也具有更多的信息。可以证明，PCA 是丢失原数据信息最少的线性降维算法。

假定 n 维向量 μ 为目标子空间的一个映射向量，点 x 在 μ 上的投影为 $x^T\mu$，最大化点 x 在向量 μ 上的投影的方差有：

$$\frac{1}{m}\sum_{i=1}^{m}(x_i^T\mu)^2 = \frac{1}{m}\sum_{i=1}^{m}\mu^T x_i x_i^T \mu = \mu^T \left(\frac{1}{m}\sum_{i=1}^{m} x_i^T x_i\right)\mu \tag{8}$$

这里，m 是数据特征的个数，$\frac{1}{m}\sum_{i=1}^{m} x_i^T x_i$ 是样本协方差矩阵。可以将求最大化投影方差看作是下列优化问题：

$$\max \quad \mu^T \sum \mu, s.t. \mu^T \mu = I \tag{9}$$

使用拉格朗日乘子：

$$\mathcal{L}(\mu,\lambda) = \mu^T \sum \mu - \lambda(\mu^T \mu - 1) \tag{10}$$

求偏导得到：

$$\frac{\partial}{\partial \lambda}\mathcal{L}(\mu,\lambda) = \sum \mu - \lambda \mu \Rightarrow \sum \mu = \lambda \mu \tag{11}$$

从上式可以看出，PCA 的实质就是要求出协方差矩阵的特征值。由于协方差矩阵是正定的，因此其 n 个特征值经过从大到小排序有 $\lambda_1 \geq \lambda_2 \geq \lambda_3 \geq \cdots \geq \lambda_n \geq 0$。如果特征值很小甚至为 0，可以不用考虑。求出 λ_i 就可以确定特征向量 μ_i。

通过设定累积贡献率的阈值选取主成分的数量。$\mu_1, \mu_2, \cdots, \mu_k$ 称为前 k 个主成分，协方差矩阵从大到小排序后的特征值 $\lambda_1 \geq \lambda_2 \geq \lambda_3 \geq \cdots \geq \lambda_n \geq 0$，称 $\lambda_i / \sum_{i=1}^{n} \lambda_i$ 为第 i 个主成分的贡献率，称 $\sum_{i=1}^{k} \lambda_i / \sum_{i=1}^{n} \lambda_i$ 为前 k 个主成分的累计贡献率，累计贡献率代表了这 k 个主成

分能从多大程度上代表原数据。当 k 值确定了，对 x 进行线性变换求出 y。

$$y_i = \begin{bmatrix} \mu_1^T x_i \\ \mu_2^T x_i \\ \vdots \\ \mu_k^T x_i \end{bmatrix} \in R^K \qquad (12)$$

这里，y 的维度是 k 小于 x 的维度 n。

主成分分析的主要作用包括三点：

1）数据压缩：将高维数据压缩为二维或三维，可以对数据进行可视化，帮助决策者清晰、直观地把握数据反映的内容。

2）降维：这也是主成分分析的主要作用，减少计算大规模数据消耗大量资源，通过 PCA 降低计算复杂度避免过拟合现象。

3）降噪：通过 PCA 可以找到能够代表主体的主要特征，避免了不相关或者冗余特征的干扰。

代码清单 6-36　主成分分析代码示例

```
import org.apache.spark.mllib.linalg.Matrix
import org.apache.spark.mllib.linalg.Vectors
import org.apache.spark.mllib.linalg.distributed.RowMatrix

val data = Array(
  Vectors.sparse(5, Seq((1, 1.0), (3, 7.0))),
  Vectors.dense(2.0, 0.0, 3.0, 4.0, 5.0),
  Vectors.dense(4.0, 0.0, 0.0, 6.0, 7.0))

val dataRDD = sc.parallelize(data, 2)

val mat: RowMatrix = new RowMatrix(dataRDD)

// 计算前 4 个主成分
// 主成分被存储在一个本地稠密矩阵
val pc: Matrix = mat.computePrincipalComponents(4)

// 由前 4 个主成分投影到行张成的线性空间。
val projected: RowMatrix = mat.multiply(pc)
```

6.4.4　MLlib 概述

随着互联网产业的迅猛发展，产生的数据量越来越大。伴随着数据挖掘和机器学习概念的回温，基于分布式的机器学习的快速发展自然也显得顺理成章。与此同时，Spark 自身的特性决定了它在机器学习领域具有独特的优势。

1）机器学习算法都包含迭代计算的步骤。一般而言，机器学习的计算需要在多次迭代后误差足够小或者足够收敛才会停止。而迭代计算时如果使用 Hadoop 的 MapReduce 计算框架，每次计算都要执行读/写磁盘以及启动任务等工作，这会导致比较大的 I/O 及其他资源消耗。而前面多次强调的 Spark 基于内存的计算模型天生擅长迭代计算，除了在必要时进行磁盘读写和网络操作之外，其他多个步骤计算都可以直接在内存中完成。因此 Spark 是机器学习运算的理想平台。

2）从通信的角度讲，如果使用 Hadoop 的 MapReduce 计算框架，JobTracker 和 TaskTracker 之间由于是通过 heartbeat 的方式来进行通信和传递数据，所以会导致非常慢的执行速度，而 Spark 具有出色、高效的 Akka 和 Netty 通信系统，通信效率极高。

MLlib（Machine Learnig lib）是 Spark 对机器学习常用算法的实现库。MLlib 的设计初衷是让机器学习实践变得容易，可剪裁。 MLlib 包含常见的学习算法及工具，如分类、回归、聚类、协同过滤、降维及底层优化及高层 pipeline API，还包括相关的测试和数据生成器。MLlib 从 Spark1.2 版之后被分为两个包，分别是：

❏ spark.mllib 包含基于 RDD 的原始 API。
❏ spark.ml 提供基于 DataFrames 的高层 API，用以构建 ML pipeline。

MLlib 目前支持分类、回归、聚类和协同过滤及降维等常见机器学习问题。在机器学习的实际应用中，推荐使用 spark.ml，因为基于 DataFrame 的 API 会更加灵活丰富。另外，随着 spark.ml 的继续开发，Spark 开发团队也会继续支持 spark.mllib，因此 spark.mllib 的用户也无须担心。

为了将多个机器学习算法容易地组成一个流水线（pipeline），Spark ML 将 API 做了标准化。下面简要介绍 Spark 机器学习库中的重要基本概念。

❏ DataFrame

Spark ML 使用了 SparkSQL 中的 DataFrame 作为 ML 数据集。 它可以保存多种数据类型的数据。一个 DataFrame 可以使用不同的列来存储文本、特征向量、真实值及预测值。

❏ Transformer

能够将一个 DataFrame 变换为另一个 DataFrame 的算法。 一个机器学习模型其实也算一个 Transformer，它将包含特征的 DataFrame 变换为包含预测值的 DataFrame。

❑ Estimator

能够拟合 DataFrame 以产生 Transformer 的算法。简单来讲，一个学习算法就是一个 Estimator，它可以在一个 DataFrame 上训练出一个模型。

❑ Pipeline

Pipeline 将多个 Transformers 和 Estimators 组合在一起，形成特定的工作流。

❑ Parameter

所有 Transformer 和 Estimator 可以通过一个通用的 API 来指定参数。

从这几个基本概念不难看出，spark.ml 把整个机器学习的过程抽象成流水线 Pipeline，一个 Pipeline 由多个 Stage 组成，每个 Stage 可以是 Transformer 或 Estimator。以前机器学习工程师要花费大量时间在 training model 之前的 feature 的抽取、转换等准备工作，现在使用 spark.ml 提供的多个 Transformer，可以极大地改进这类工作的效率。在 Spark1.5 版本之后，Spark 具备了多了 feature transformer。其中 CountVectorizer、Discrete Cosine Transformation、MinMaxScaler、NGram、PCA、RFormula、StopWordsRemover 和 VectorSlicer 都是 Spark1.5 版本新添加的，读者可以自行查阅其中新加的内容。

因为 MLlib 也基于 RDD，因此天生就可以与 Spark SQL、GraphX、Spark Streaming 无缝集成，以 RDD 为基石，4 个子框架可联合构建大数据计算系统。其中 MLlib 是 MLBase 的一部分，MLBase 分为四部分：MLlib、MLI、ML Optimizer 和 MLRuntime。

ML Optimizer 会选择它认为最适合的已经在内部实现好了的机器学习算法和相关参数，来处理用户输入的数据，并返回模型或其他帮助分析的结果；MLlib 是 Spark 实现一些常见的机器学习算法和实用程序，包括分类、回归、聚类、协同过滤、降维以及底层优化，该算法可以扩充；MLRuntime 基于 Spark 计算框架，将 Spark 的分布式计算应用到机器学习领域。

6.4.5 MLlib 架构

MLlib 的整体架构如图 6-33 所示：

下面简要介绍图 6-33 中几个重要的组成部分。

1）spark.ml 是基于 DataFrame 的高层 API。

2）spark.mllib 是基于 RDD 的基本算法实现。

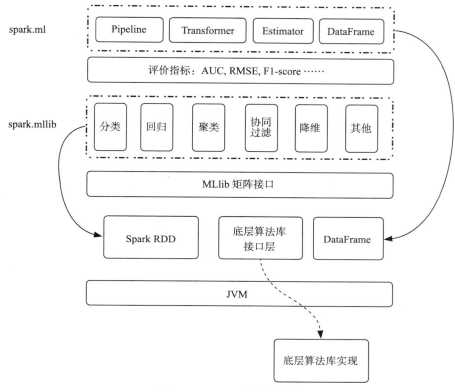

图 6-33　MLlib 的整体架构

3）评价指标：评价指标是机器学习任务中非常重要的一环。不同的机器学习任务有不同的评价指标，同一种机器学习任务也有不同的评价指标，每个指标的着重点不同，如分类（classification）、回归（regression）、排序（ranking）、聚类（clustering）、热门主题模型（topic modeling）、推荐（recommendation）等，并且很多指标可以对多种不同的机器学习模型进行评价，如精确率 – 召回率（precision-recall），可以用在分类、推荐、排序等中。下面给出一些常见的评价指标概念性描述：

❏ AUC（Area under the Curve）即曲线下的面积。这条曲线便是 ROC（Receiver Operating Characteristic）曲线。
❏ 回归模型中最常用的评价模型便是 RMSE(root mean square error)，即平方根误差。
❏ 精确率（precision）：分类正确的正样本数占分类器所有正样本数的比例。
❏ 召回率（recall）：分类正确的正样本数占正样本数的比例。
❏ F1-Score：精确率与召回率的调和平均值，它的值更接近于 Precision 与 Recall 中较小的值。

4)底层算法库接口层:该层主要是用 scala 实现的数值处理库,提供向量、矩阵运算 API。其内部通过调用 java 接口调用底层算法库实现。

5)底层算法库实现:具体的算法包实现。

6.4.6　MLlib 使用实例——电影推荐

下面介绍如何使用 MLlib 和协同过滤,来实现个性化的电影推荐功能。本示例参考了伯克利的经典机器学习案例,其中所采用的数据集来自 gouplens 网站 http://grouplens.org/datasets/movielens/,读者感兴趣的话可以自行下载练习。该数据集为一组从 20 世纪 90 年代末到 21 世纪初由 MovieLens 用户提供的电影评分数据,这些数据包括电影评分、电影元数据(风格类型和年代)以及关于用户的信息数据(年龄、邮编、性别和职业等)。数据提供方根据不同需求提供了不同大小的样本数据,不同样本信息中包含三种数据:评分、用户信息和电影信息。

1. 数据集格式说明

MovieLens 提供的电影评分数据分为三个文件:用户信息、电影信息及评分,下面介绍这些文件格式。

(1)用户信息(users.dat)

用户信息分为 5 个字段,格式如下:

```
UserID :: Gender :: Age :: Occupation :: Zip-code
用户编号 :: 性别 :: 年龄 :: 职业 :: 邮编
```

各个字段的含义如下:

- 用户编号:范围为 1 ~ 6040。
- 性别:M 为 Male,F 为 Female。
- 年龄:不同的数字代表不同的年龄范围,如 25 代表 25 ~ 34 岁范围。
- 职业:职业信息,在测试数据中提供了 21 种职业分类。
- 邮编:地区邮编。

使用的 users.dat 的数据样本如下:

```
1::F::1::10::48067
```

```
2::M::56::16::70072

3::M::25::15::55117

4::M::45::7::02460

5::M::25::20::55455

6::F::50::9::55117

7::M::35::1::06810

8::M::25::12::11413
```

（2）电影信息（movies.dat）

电影数据分为三个字段，格式如下：

```
MovieID :: Title :: Genres
电影编号 :: 电影名 :: 电影类别
```

其中各个字段说明如下：

- 电影编号：1～3952。
- 电影名：由 IMDB 提供电影名称，其中包括电影上映年份。
- 电影类别：这里使用实际分类名非编号，如 Action、Crime 等。

使用的 movies.dat 的数据样本如下：

```
1::Toy Story (1995)::Animation|Children's|Comedy

2::Jumanji (1995)::Adventure|Children's|Fantasy

3::Grumpier Old Men (1995)::Comedy|Romance

4::Waiting to Exhale (1995)::Comedy|Drama

5::Father of the Bride Part II (1995)::Comedy

6::Heat (1995)::Action|Crime|Thriller

7::Sabrina (1995)::Comedy|Romance

8::Tom and Huck (1995)::Adventure|Children's
```

（3）评分文件数据说明（ratings.data）

该评分数据总共四个字段，格式如下：

```
UserID :: MovieID :: Rating :: Timestamp
用户编号 :: 电影编号 :: 评分 :: 评分时间戳
```

各个字段说明如下：

- 用户编号：范围为 1 ～ 6040。
- 电影编号：范围为 1 ～ 3952。
- 评分：电影评分为五星评分，范围为 0 ～ 5。
- 评分时间戳：单位为秒。
- 其中每个用户至少有 20 个电影评分

使用的 ratings.dat 的数据样本如下：

```
1::1193::5::978300760

1::661::3::978302109

1::914::3::978301968

1::3408::4::978300275

1::2355::5::978824291

1::1197::3::978302268

1::1287::5::978302039

1::2804::5::978300719
```

2. Load 数据并进行处理，具体步骤如下：

1）Load 如下两种数据到内存：

① 装载样本评分数据，将其中最后一列时间戳除 10 的余数作为 key，Rating 为值。

② 装载电影目录对照表（电影 ID →电影标题）。

2）将样本评分表以 key 值切分成 3 个部分，分别用于训练（60%，并加入用户评分）、校验（20%），及测试（20%）。

3）训练不同参数下的模型，并再校验集中验证，获取最佳参数下的模型。

4）用最佳模型预测测试集的评分，计算和实际评分之间的均方根误差。

5）根据用户评分的数据，推荐前 10 部感兴趣的电影（需剔除用户已经评分的电影）。

明确上述步骤之后，可以编程实现这些步骤。具体实现代码如下：

```scala
import java.io.File
import scala.io.Source
import org.apache.log4j.{Level, Logger}
import org.apache.spark.SparkConf
import org.apache.spark.SparkContext
import org.apache.spark.SparkContext._
import org.apache.spark.rdd._
import org.apache.spark.mllib.recommendation.{ALS, Rating, MatrixFactorizationModel}

object MovieLensALS {
    def main(args: Array[String]) {
        // 在终端过滤无关日志
        Logger.getLogger("org.apache.spark").setLevel(Level.WARN)
        Logger.getLogger("org.eclipse.jetty.server").setLevel(Level.OFF)
        if (args.length != 2) {
          println("Usage: /path/to/spark/bin/spark-submit --driver-memory 2g --class week7.MovieLensALS " + "week7.jar movieLensHomeDir personalRatingsFile")
          sys.exit(1)
        }

        // 设置参数
        val conf = new SparkConf().setAppName("MovieLensALS").setMaster("spark://[your_master_ip]:7077")
        val sc = new SparkContext(conf)

        // Load 用户评分, loadRatings 函数在后面给出了实现
        val myRatings = loadRatings(args(1))
        val myRatingsRDD = sc.parallelize(myRatings, 1)

        // 下载的样本数据所在目录
        val movieLensHomeDir = args(0)

        // Load 样本评分数据，将其中最后一列 Timestamp 除 10 取其余数为 key, Rating 为值,
        // 即 (Int,Rating)
        val ratings = sc.textFile(new File(movieLensHomeDir, "ratings.dat").toString).map { line =>
          val fields = line.split("::")
          (fields(3).toLong % 10, Rating(fields(0).toInt, fields(1).toInt, fields(2).toDouble))
        }

        // Load 电影目录对照表 (电影 ID->电影标题)
        val movies = sc.textFile(new File(movieLensHomeDir, "movies.dat").
```

```scala
    toString).map { line =>
      val fields = line.split("::")
      (fields(0).toInt, fields(1))
    }.collect().toMap

val numRatings = ratings.count()
val numUsers = ratings.map(_._2.user).distinct().count()
val numMovies = ratings.map(_._2.product).distinct().count()

println("Got " + numRatings + " ratings from " + numUsers + " users on
" + numMovies + " movies.")

// 将样本评分表以 key 值切分成 3 个部分, 60% 用于训练（加入用户评分）, 20% 用于校验,
剩下 20% 用于测试。由于这些数据在计算过程中要多次用到, 所以 cache 到内存
val numPartitions = 4
val training = ratings.filter(x => x._1 < 6)
    .values
    .union(myRatingsRDD) // 注意 ratings 是 (Int,Rating), 取 value 即可
    .repartition(numPartitions)
    .cache()
val validation = ratings.filter(x => x._1 >= 6 && x._1 < 8)
    .values
    .repartition(numPartitions)
    .cache()
val test = ratings.filter(x => x._1 >= 8).values.cache()

val numTraining = training.count()
val numValidation = validation.count()
val numTest = test.count()

println("Training: " + numTraining + ", validation: " + numValidation
+ ", test: " + numTest)

// 下面开始训练不同参数下的模型, 并在校验集中验证, 获取最佳参数下的模型
val ranks = List(8, 12)
val lambdas = List(0.1, 10.0)
val numIters = List(10, 20)
var bestModel: Option[MatrixFactorizationModel] = None
var bestValidationRmse = Double.MaxValue
var bestRank = 0
var bestLambda = -1.0
var bestNumIter = -1
for (rank <- ranks; lambda <- lambdas; numIter <- numIters) {
    val model = ALS.train(training, rank, numIter, lambda)
    val validationRmse = computeRmse(model, validation, numValidation)
```

```
        println("RMSE (validation) = " + validationRmse + " for the model
        trained with rank = " + rank + ", lambda = " + lambda + ", and
        numIter = " + numIter + ".")
        if (validationRmse < bestValidationRmse) {
          bestModel = Some(model)
          bestValidationRmse = validationRmse
          bestRank = rank
          bestLambda = lambda
          bestNumIter = numIter
        }
  }

  // 使用上面训练出的最佳模型预测测试集的评分,并计算和实际评分之间的均方根误差
  val testRmse = computeRmse(bestModel.get, test, numTest)

  println("The best model was trained with rank = " + bestRank + " and
  lambda = " + bestLambda + ", and numIter = " + bestNumIter + ", and
  its RMSE on the test set is " + testRmse + ".")

  // create a naive baseline and compare it with the best model
  val meanRating = training.union(validation).map(_.rating).mean
  val baselineRmse = math.sqrt(test.map(x => (meanRating - x.rating) *
  (meanRating - x.rating)).mean)
  val improvement = (baselineRmse - testRmse) / baselineRmse * 100
  println("The best model improves the baseline by " + "%1.2f".
  format(improvement) + "%.")

  // 推荐前 10 部最感兴趣的电影,需剔除用户已经评分的电影
  val myRatedMovieIds = myRatings.map(_.product).toSet
  val candidates = sc.parallelize(movies.keys.filter(!myRatedMovieIds.
  contains(_)).toSeq)
  val recommendations = bestModel.get
      .predict(candidates.map((0, _)))
      .collect()
      .sortBy(-_.rating)
      .take(10)

  var i = 1
  println("Movies recommended for you:")
  recommendations.foreach { r =>
    println("%2d".format(i) + ": " + movies(r.product))
    i += 1
  }
  sc.stop()
}
```

```
/** 校验集预测数据集和样本数据集之间的均方根误差 **/
def computeRmse(model: MatrixFactorizationModel, data: RDD[Rating], n:
Long): Double = {
    val predictions: RDD[Rating] = model.predict(data.map(x => (x.user,
x.product)))
    val predictionsAndRatings = predictions.map(x => ((x.user, x.product),
x.rating))
      .join(data.map(x => ((x.user, x.product), x.rating)))
      .values
    math.sqrt(predictionsAndRatings.map(x => (x._1 - x._2) * (x._1 - x._2)).
reduce(_ + _) / n)
}

/** 载入用户评分文件 **/
// 用户评分文件和 rating.dat 格式相同,可以从 rating.dat 文件中抽取一部分作为用户评分文件
// 也可以通过 https://databricks-training.s3.amazonaws.com/training-
downloads.zip 链接下载,运行 python bin/rateMovies 生成.
def loadRatings(path: String): Seq[Rating] = {
    val lines = Source.fromFile(path).getLines()
    val ratings = lines.map { line =>
        val fields = line.split("::")
        Rating(fields(0).toInt, fields(1).toInt, fields(2).toDouble)
    }.filter(_.rating > 0.0)
    if (ratings.isEmpty) {
        sys.error("No ratings provided.")
    } else {
        ratings.toSeq
    }
}
```

6.5 本章小结

本章讲解 BDAS 中的主要模块。由 Spark SQL 开始,介绍了 Spark SQL 及其编程模型及 DataFrame;接着讲解 Spark 生态中用于流式计算的模块 Spark Streaming。在实际应用中,Spark Streaming 基于 Window 的实时处理速度比 Hadoop 上的 Storm 略有逊色,并且在实际流处理应用中,Spark Streaming 总是与 Flume 和 Kafka 结合使用,以获得健壮的流式处理架构。本章的第三小节,讲解了 SparkR 的基本概念及操作。 最后针对机器学习的流行,本章在第四小节重点介绍了 Spark MLlib 的架构及编程应用,还介绍了机器学习的基本概念及基本算法。本章内容是本书中最庞杂的一章,希望读者阅读本章后自己动手实践,只有掌握这些生态模块,才能更好地将 Spark 应用到实际业务场景中。

第 7 章 Chapter 7

Spark 调优

本章主要介绍 Spark 的性能调优。由于 Spark 基于"内存计算"的特性，CPU、网络带宽、内存等集群资源可能成为 Spark 应用执行的瓶颈。通常情况下，如果数据需要完全放进内存，网络带宽就会成为瓶颈。但是仍然需要对程序进行优化，例如采用序列化的方式保存 RDD 数据（Resilient Distributed Datasets），以便减少内存使用。Spark 的优化主要包括数据序列化和内存优化，数据序列化不但能提高网络性能，还能减少内存使用。本章最后还介绍了 Spark 调优的常见问题。

7.1 参数配置

细心的读者也许从前面的 Spark 基础章节可以发现，对 Spark 性能的优化，最简单、直接的方式就是调整参数。参数配置可以在 Spark 的配置脚本中添加，也可以在 Spark 程序代码中添加。

1. 添加配置到 spark-env.sh 中

部署好 spark 之后，可以复制 spark-env.sh.template 为 spark-env.sh，然后在其中做相应的修改，部分格式如下：

```
# 指定集群 master
```

```
export STANDALONE_SPARK_MASTER_HOST=`hostname`

# 如果想启动 pyspark, 调用本地的 python 安装库, 则需要设置这一项
export PYSPARK_PYTHON=/usr/lib/anaconda2/bin/python

# 根据具体情况设定 executor 资源
export SPARK_EXECUTOR_MEMORY=8g
export SPARK_WORKER_CORES=8

# 设定端口
export SPARK_MASTER_WEBUI_PORT=18080
export SPARK_MASTER_PORT=7077
export SPARK_WORKER_PORT=7078
export SPARK_WORKER_WEBUI_PORT=18081

……
```

实际上,也可以在 spark-defaults.sh 文件中保持默认配置。

```
# 设定资源
spark.executor.memory                8g
spark.driver.memory                  2g
spark.yarn.am.memory                 2g

# 设定 spark history server 的地址
spark.yarn.historyServer.address   CH-2:18080
spark.history.fs.logDirectory      hdfs://CH-1:8020/user/spark/applicationHistory

# 指定 log 的目录
spark.eventLog.dir                 hdfs://CH-1:8020/user/spark/applicationHistory
spark.eventLog.enabled             true

# 指定 master
spark.master                       spark://CH-1:7077
……
```

2. 动态载入属性

为了避免硬编码,也可以采用前几章讲过的命令行传入参数的方法,格式如下:

```
val sc = new SparkContext(new SparkConf())

./bin/spark-submit --name "My app" --master spark://CH-1:7077 --conf spark.eventLog.enabled=false --conf spark.executor.memory=8g ... myApp.jar
```

3. 在代码中的 SparkConf 对象中设定参数

可以在 SparkConf 中设定好属性之后，再生成 SparkContext 对象，将包含属性的 SparkConf 对象传入。范例如下：

```
val conf = new SparkConf()
           .setMaster("spark://CH-1:7077")
           .setAppName("HelloApp")
           .set("spark.executor.memory", "8g")

val sc = new SparkContext(conf)
```

上述 3 种参数属性传入方法的优先级顺序为 3.最高，2.次之，1.最低。Spark 将这几种方式传入的参数进行整合，Spark 应用最终的资源设定依照优先级来确定。如果要检测性能，也可以通过前面介绍的 Spark webUI、Driver 端的日志，worker 文件夹与 log 文件夹下的日志等检测。在工具方面，可以选择集群监控工具，如 Ganglia 和 Ambaria，对于有些问题，可以使用 JVM 提供的 profiler 工具来分析。

7.2 调优技巧

下面介绍一些性能调优的常见切入点，希望对读者有所启发。

7.2.1 序列化优化

序列化对于任何分布式程序的性能具有很大的影响。一个不好的序列化方式（如序列化模式的速度非常慢或者序列化结果非常大）会极大降低计算速度。在很多情况下，这是开发者优化 Spark 应用的第一选择。Spark 试图在方便和性能之间获取平衡。Spark 提供了两个序列化类库：

1. Java 序列化

在默认情况下，Spark 采用 Java 的 ObjectOutputStream 序列化一个对象。该方式适用于所有实现了 java.io.Serializable 的类。通过继承 java.io.Externalizable，能进一步控制序列化的性能。Java 序列化非常灵活，但是速度较慢，在某些情况下序列化的结果也比较大。

2. Kryo 序列化

Spark 也能使用 Kryo（版本 2）序列化对象。Kryo 不但速度极快，而且产生的结果更为紧凑（通常能提高 10 倍）。但 Kryo 的缺点是并非支持所有类型，为了获得好的性能，开发者需要提前注册程序中使用的类（class）。

开发者可以在创建 SparkContext 之前，通过调用 System.setProperty("spark.serializer","spark.KryoSerializer")，将序列化方式切换成 Kryo。这个属性设置对序列化器做了配置，该序列化器不仅可用于 worker 节点之间数据的 shuffle，也可以用于将 RDD 序列化至硬盘。Kryo 需要用户注册后才能采用这种序列化方式，在实际应用中，经验告诉我们，对于任何"网络密集型"（network-intensive）的应用，都建议采用该方式。

对在 Twitter chill 库中，AllScalaRegistrar 包括的常用 scala 核心类，Spark 自动包含了 Kryo 序列化器。

为了用 Kryo 注册自己的类，可以使用 registerKryoClasses 方法。格式如下：

```
val conf = new SparkConf().setMaster(...).setAppName(...)conf.registerKryoClasses(Array(classOf[MyClass1], classOf[MyClass2]))
val sc = new SparkContext(conf)
```

在 Kryo 的官方文档中描述了很多关于注册的高级选项，如添加用户自定义的序列化代码等。

在对象非常大时，还需要增加属性 spark.kryoserializer.buffer.mb 的值。该属性的默认值是 32，但是该属性需要足够大，以便能够容纳需要序列化的最大对象。

最后，如果不注册你的类，Kryo 仍然可以工作，但是需要为每一个对象保存其对应的全类名（full class name），这是非常浪费的。

7.2.2 内存优化

在性能调优中，内存优化主要关注如下三个方面：
- 对象占用的内存（所有的数据有可能被加载到内存）。
- 访问对象的消耗。
- 垃圾回收（garbage collection）占用的内存开销。

在通常情况下，Java 对象的访问速度虽然较快，但其占用的空间通常比其内部的属性数据大 2～5 倍，这其实牺牲了以空间换时间的策略。具体而言，主要有如下几个原因：
- 每一个 Java 对象都包含一个"对象头部"（object header），该头部大约占 16 字节，包含了指向对象对应的类（class）的指针等信息。如果对象本身包含的数据非常少，那么对象头有可能会比对象数据还要大。
- Java String 在实际的字符串数据之外，还需要大约 40 字节的额外开销（因为 String 将字符串保存在一个 Char 数组，需要额外保存类似长度等的其他数据）；同时，因为是 Unicode 编码，每一个字符需要占用 2 字节。所以，一个长度为 10 的字符串需要占用 60 字节。
- 通用的集合类，如 HashMap、LinkedList 等，都采用了链表数据结构，对每一个条目（entry）都进行了包装（wrapper）。每一个条目不仅包含对象头，还包含一个指向下一条目的指针（通常为 8 字节）。
- 基本类型（primitive type）的集合通常都保存为对应的类，如 java.lang.Integer。

下面分几个步骤来进一步讨论如何估算对象占用的内存空间大小以及如何通过改变数据结构或者采用序列化方式进行优化。

1. 确定内存消耗

计算数据集所需内存大小的最好方法是创建一个 RDD，并将其放入缓存，然后观察 Spark history webUI 上的 Storage 页面，该页面会列出 RDD 的各项信息，包括占用的内存大小。如果要估算一个特殊对象的内存消耗，则可以使用 SizeEstimator 类的 estimate 方法，这样做不但可以降低不同数据布局的内存消耗，还可以决定广播变量在每个 executor heap 上所占的内存空间大小。

2. 优化调整数据结构

优化内存占用量最常见的办法是尽量避免使用一些增加额外开销（overhead）的 Java 特性，如基于指针的数据结构，以对对象进行再包装等。具体而言，有如下几种方式：
- 使用对象数组以及原始类型（primitive type）的数组以替代 Java 或者 Scala 集合类（如 HashMap）。fastutil 库为原始数据类型提供了非常方便的集合类，同时这些集合类也兼容 Java 标准类库。
- 尽量避免使用含有指针和小对象的嵌套数据结构。
- 考虑采用数字 ID 或者枚举类型来替代 String 类型的 key。
- 当内存少于 32GB 时，可将 JVM 参数设置为 -XX:+UseCompressedOops 项，以便将 8 字节指针修改成 4 字节。于此同时，在 Java 7 或者更高版本，设置 JVM 参数 -XX:+UseCompressedStrings，以便采用 8bit 来编码每一个 ASCII 字符。开发者在实际应用中，可以将这些选项添加到 spark-env.sh 中。

3. 序列化 RDD 存储

如果采用了上述优化方法之后，对象还是大到不能有效存放的话，那么还有一个减少内存使用的简单方法，即序列化。采用 RDD 持久化 API 的序列化 StorageLevel，如 MEMORY_ONLY_SER。Spark 将 RDD 的每一部分都保存为 byte 数组。序列化带来的唯一缺点是会降低访问速度，因为需要将对象反序列化。如果需要采用序列化的方式缓存数据，那么建议采用前面提到的 Kryo，理由是 Kryo 序列化结果比 Java 标准序列化更小。

4. 优化 GC（Garbage Collection）

一般而言，如果只需进行一次 RDD 读取，然后进行操作不会引发 GC 问题。但是如果需要不断地"搅动"程序保存的 RDD 数据，GC（jvm 垃圾回收）就可能成为问题。当需要回收旧对象，以便为新对象腾内存空间时，JVM 需要跟踪所有的 Java 对象，以确定哪些对象是不再需要的。需要记住的一点是，内存回收的代价与对象的数量正相关；因此，使用对象数量更小的数据结构（如使用 int 数组，而不是 LinkedList）能显著降低这种消耗。另外一种更好的方法是采用对象序列化，如上面所描述的一样；这样，RDD 的每一部分都会保存为唯一一个对象（一个 byte 数组）。如果内存回收存在问题，在尝试其他方法之前，首先尝试使用序列化缓存（serialized caching）。

每项任务（task）的工作内存以及缓存在节点的 RDD 之间会相互影响，这种影响也会带来内存回收问题。下面讨论如何为 RDD 分配空间以便降低这种影响。

（1）获取内存回收的信息

优化内存回收的第一步是获取一些统计信息，包括内存回收的频率、内存回收耗费的时间等。为了获取这些统计信息，可以把参数 -verbose:gc -XX:+PrintGCDetails -XX:+PrintGCTimeStamps 添加到环境变量 SPARK_JAVA_OPTS 中。设置完成后，Spark 作业运行时，可以在日志中看到每一次内存回收的信息。注意，这些日志保存在集群的工作节点（Work node），而不是驱动程序（driver program）。

（2）缓存大小优化

用多大的内存来缓存 RDD 是内存回收一个非常重要的配置参数。默认情况下，Spark 采用运行内存（executor memory、spark.executor.memory 或者 SPARK_MEM）的 66% 来进行 RDD 缓存。这表明在任务执行期间，有 33% 的内存可以用来创建对象。

如果任务运行速度变慢且 JVM 频繁进行内存回收，或者内存空间不足，那么降低缓存大小设置可以减少内存消耗。为了将缓存大小修改为 50%，可以调用方法 System.

setProperty("spark.storage.memoryFraction","0.5")。结合序列化缓存，使用较小缓存足够解决内存回收的大部分问题。如果读者有兴趣进一步优化 Java 内存回收，请继续阅读下文。

（3）内存回收优化

为了进一步优化内存回收，需要了解 JVM 内存管理的一些基本知识。

Java 堆（heap）空间分为 3 部分：新生代、老生代和永久代。新生代用于保存生命周期较短的对象；老生代用于保存生命周期较长的对象。

新生代进一步划分为三部分 Eden、Survivor1、Survivor2。

内存回收过程可以描述为：如果 Eden 区域已满，则在 Eden 执行 minor GC 并将 Eden 和 Survivor1 中仍然活跃的对象拷贝到 Survivor2。然后将 Survivor1 和 Survivor2 对换。如果对象活跃的时间已经足够长或者 Survivor2 区域已满，那么会将对象拷贝到 Old 区域。最终，如果 Old 区域消耗殆尽，那么触发 full GC 的执行。详见图 7-1。

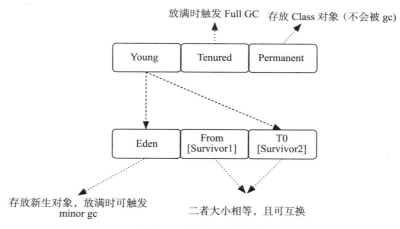

图 7-1　内存回收过程

Spark 内存回收优化的目标是确保只有长时间存活的 RDD 才保存到老生代区域。同时，新生代区域足够大，以保存生命周期比较短的对象。这样，在任务执行期间可以避免执行 full GC。下面是一些可能有用的执行步骤。

1）通过收集 GC 信息检查内存回收是不是过于频繁。如果在任务结束之前执行了很多次 full GC，那么说明任务执行的内存空间不足。

2）在打印的内存回收信息中，如果老生代接近消耗殆尽，那么减少用于缓存的内存空间。这可以通过设置属性 spark.storage.memoryFraction 来生效。减少缓存对象，以提高执行速度是非常值得的。

3）如果有过多的 minor GC 而不是 full GC，那么为 Eden 分配更大的内存是有益的。可以为 Eden 分配大于任务执行所需的内存空间。如果 Eden 的大小确定为 E，那么可以通过 `-Xmn=4/3*E` 来设置新生代的大小（将内存扩大到 4/3 是考虑到 survivor 所需的空间）。

例如，如果任务从 HDFS 读取数据，那么任务需要的内存空间可以从读取的 block 数量估算出来。注意，解压后的 blcok 通常为解压前的 2～3 倍。所以，如果需要同时执行 3 个或 4 个任务，block 的大小为 64MB，可以估算出 Eden 的大小为 $4 \times 3 \times 64MB$。

4）监控内存回收的频率以及消耗的时间并修改相应的参数设置。

经验表明有效的内存回收优化取决于程序和内存大小。在实践中还有很多其他的优化选项，总体而言，有效控制内存回收的频率非常有助于降低额外开销。

7.2.3 数据本地化

数据本地化对 Spark job 有重要的影响。如果数据和操作数据的代码在同一个位置，那么运算会更快。但当数据和代码分离时，它们需要移到一起。典型案例是将序列化后的代码从一个地方发送到另一个地方，会比移动一块数据更快，因为代码会比数据小很多。Spark 针对数据本地化的一般原则建立了调度机制。

数据本地化是指数据与处理数据的代码有多接近。基于数据当前位置，Spark 有一些本地化的层级，目的是加快运算：

- PROCESS_LOCAL 数据和运行代码位于同一 JVM 实例中，这可能是最好的本地化。
- NODE_LOCAL 数据和代码在同一节点上，比如在同一节点上的 HDFS 中，或者同一节点的其他 executor 中。NODE_LOCAL 层级会比 PROCESS_LOCAL 稍慢，原因在于数据会在不同进程间传输。
- NO_PREF 数据可以从任何地方以同等速度访问，并且不倾向于本地化。
- RACK_LOCAL 数据位于同一机架。数据位于同一机架上的不同 server 上，因此需要通过网络传输。典型的是通过一个单独的交换机。
- ANY 数据不位于同一机架上。

Spark 优先调度位于最佳位置层级上的任务。但是在有些情况下，这是不可行的。当空闲 executor 上不存在未被处理的数据时，Spark 转向更低的存储层级。通常有两种选择：

① 等待忙碌的 CPU 闲下来，然后启动同一 server 上的数据关联的任务。

② 在远离数据的地方立即启动任务，这需要移动数据。

Spark 一般采取的策略是等待忙碌的 CPU 闲下来。一旦等待时间超时，它会将远处的数据移动给闲置的 CPU。在不同层级间回滚（fallback）的等待时间可以单独配置或者在同一参数中包含。请参见 Spark 文档 spark.locality 的部分。如果任务很长并且本地化比较差，那么开发者应该增大这些设置。一般默认的配置在实际中用起来也不错。

7.2.4　其他优化考虑

1. 并行度

如果每一个操作的并行度较低的话，那么会导致集群无法得到有效的利用。Spark 会根据每一个文件的大小自动设置运行该文件 Map 任务的个数（开发者也可以通过 SparkContext 的配置参数来控制）；对于分布式"reduce"任务（如 group by key 或者 reduce by key），则利用最大 RDD 的分区数。开发者可以通过第二个参数传入并行度（请参见文档 spark.PairRDDFunctions ）或者设置系统参数 spark.default.parallelism 来改变默认值。通常在集群中建议为每一个 CPU 核（core）分配 2～3 个任务较为合适。

2. Reduce Task 的内存使用

开发者有时会碰到 OutOfMemory 错误，这非 RDD 不能加载到内存引起的，而是因为任务执行的数据集过大，如正在执行 groupByKey 操作的 reduce 任务。Spark 的 shuffle 操作（sortByKey、groupByKey、reduceByKey、join 等）为了完成分组会为每一个任务创建哈希表，哈希表有可能非常大。最简单的修复方法是增加并行度，这样，每一个任务的输入会变得更小。Spark 能够非常有效地支持短时间任务（如 200ms），因为它会对所有的任务复用 JVM，这样能减小任务启动的消耗。因此，开发者可以放心地使任务的并行度远大于集群的 CPU 核数。

3. 广播"大变量"

使用 SparkContext 的广播功能可以有效减小每一个任务的大小以及在集群中启动作业的成本。如果任务会使用 driver 中比较大的对象（如静态查找表），那么可以考虑将其变成可广播变量。Spark 会在 master 打印每一个任务序列化后的大小，所以可以通过它来检查任务是否过于庞大。一般而言，size 大于 20KB 的任务可能都是值得优化的。

7.3 实践中常见调优问题及思考

1）问题：Task 序列化后太大。

解决：使用广播变量。

思考：为什么会变大？

2）问题：val rdd = data.filter（f1）.filter（f2）.reduceBy…经过以上语句会有很多空任务或者小任务，此时如何解决？

解决：使用 coalesce 或者 repartition 减少 RDD 中 partition 的数量。

思考：coalesce 与 repartition 的关系是什么，有什么异同？请读者阅读源码。

3）问题：每个记录的开销太大。

rdd.map{x=>conn=getDBConn;conn.write（x.toString）;conn.close}

解决：rdd.mapPartitions（records => conn.getDBConn;for（item <- records））write（item.toString）; conn.close）

思考：map 是在每个元素上应用此函数，mapPartition 是在一个 partition 上应用此函数。

4）问题：任务执行速度倾斜。

解决：

- 数据倾斜（一般是 partition key 取的不好）：考虑其他的并行处理方式，中间可以加入一步 aggregation。
- Worker 倾斜（在某些 worker 上的 executor 执行缓慢）：设置 spark.speculation= true，把那些持续慢的 node 去掉。

思考：对比 Hadoop MapReduce 的 speculation。

5）问题：shuffle 磁盘 IO 时间长。

解决：设置组磁盘。spark.local.dir=/mn1/spark, /mnt2/spar, /mnt3/spark，并设置磁盘为 IO 速度快的磁盘。

思考：增加 IO 可以加快速度。

6）问题：reducer 数量不合适。

解决：需要按照实际情况调整：

- 太多的 reducer 会造成很多的小任务，以此产生很多启动任务的开销。
- 太少的 reducer 会使任务执行慢。

思考：reduce 的任务数会不会影响到内存？默认 reducer 数量是多少？

7）问题：collect 输出大量结果慢。

解决：直接输出到分布式文件系统。

思考：请读者查阅 collect 源码看看会发现什么。

8）问题：序列化 Spark 默认使用 JDK 自带的 ObjectOutputStream（优点：兼容性好；缺点：体积大）。

解决：使用 Kryo serialization（优点：体积小，速度快）。

思考：如何用 Kryo 需要注册自己的类？

7.4 本章小结

本章首先介绍了 Spark 调优的几个重要方面，接着给出了工业实践中常见的一些问题，以及解决问题的常用策略，最后启发读者在此基础上进一步思考和探索。Spark 性能调优，最重要的仍然是内存调优及序列化调优，这是两个重点。在实际开发中，使用 Kryo 序列化的同时，请注意以数据序列化的方式来做持久化，可以解决最常见的性能问题。

第 8 章

Spark 2.0.0

Spark 2.0.0 于 2016 年 7 月底悄然发布，是飞速发展的 Spark 项目的重要里程碑。对于 Spark 2.0.0 重要变化的理解，有益于我们将来更好地使用 Spark。本章主要介绍 Spark 2.0.0 的新特性，包括对于 API 的修改、SQL 的改进以及一些新引入的功能。

Spark 2.0.0 是 Spark 2.x 产品线的第一个发布版本。这个版本主要的更新包括 API 的使用、对于 SQL 2003 的支持，以及一些性能优化。

8.1 功能变化

与绝大多数软件的版本升级一样，Spark 2.0.0 保持了对大部分 1.x 版本的 API 兼容，但依然有一些老的 API 或者功能，将被移除或者不再建议开发者继续使用。还有些 API，需要开发者将原有的应用重新编译或者修改，才能继续正常使用。

8.1.1 删除的功能

在 Spark2.0.0 中删除了一些原有的功能，具体如下：

❑ Bagel。
❑ 对 Hadoop 2.1 以及之前版本的支持。
❑ 可配置的闭包序列化器。

- HTTPBroadcast。
- 基于 TTL 的元数据清理。
- org.apache.spark.Logging 类。
- SparkContext.metricsSystem。
- 与 Tachyon 面向块方式的集成。
- Spark 1.x 中已经建议不再使用的（deprecated）API。
- 在 Python Dataframe 方法中，那些直接返回 RDD 的计算（如 map、flatMap、mapPartitions 等）。
- 不太常用的 streaming connector，包括 Twitter、Akka、MQTT、ZeroMQ。
- 基于哈希的 Shuffle manager。
- 在 Standalone 模式下，用 Master 进行 history 管理。
- DataFrame 不再是一个 class。
- Spark EC2 脚本被移走。

8.1.2　Spark 中发生变化的行为

除去掉一些原有的功能外，Spark 中也发生了一些变化，具体如下：

- 在默认情况下，需要使用 Scala 2.11 对应用进行重新编译（原来是 2.10）。
- 在 SQL 中，浮点数迭代被解析成 decimal 类型，而不是 double。
- Kryo 升级到 3.0 版本。
- Java RDD 的 flatMap 和 mapPartitions 被更新，需要返回 iterator 类型，而不是 Iterable。
- Java RDD 中的 countByKey 和 countAprroxDistinctByKey 方法，返回 K 到 java.lang.Long 的映射，而原来这 2 个方法返回的是 K 到 java.lang.Object 的映射。
- 写 Parquet 文件时，summary 文件不再自动生成，需要设置"parquet.enable.summary-metadata"为 true，才能把这个特性重新打开。
- 基于 DataFrame 的 API（spark.ml）现在依赖于 spark.ml.linalg 中的局部线性算法，而不再依赖于 spark.mllib.linalg（SPARK-13944）。

8.1.3　不再建议使用的功能

以下功能在 2.0.0 版本中不再建议使用，在将来的 2.x 版本中有可能会被删除。

- Mesos 的 Fine-grained 模式。
- 对 Java 7 的支持。
- 对 Python 2.6 的支持。

8.2　Core 以及 Spark SQL 的改变

8.2.1　编程 API

- 将 DataFrame 和 Dataset 进行了统一：在 Scala 及 Java 中，DataFrame 只是 Dataset[Row] 的一个别名。在 Python 及 R 中，由于缺乏类型安全机制，DataFrame 是主要的编程接口。
- SparkSession：替换旧的 SQLContext 和 HiveContext。为了向后兼容，原有的 SQLContext 和 HiveContext 仍保留。
- 为 SparkSession 提供了简化版的配置 API。
- 简单且性能更高的 accumulator API。
- 为 Dataset 中的类型聚合（typed aggregation）提供了一个新的、改进版的 Aggregator API。

8.2.2　多说些关于 SparkSession

1. Datasets 与 DataFrames

Dataset 是在 Spark1.6（Spark 2.0.0 的上一个版本）中引入的新概念，这是操作结构数据的高级 API，它具备 RDD 的强类型检查，可以直接使用 lambda 函数，同时利用 Spark 的 Catalyst 优化器及钨丝执行引擎，使得 Dataset 使用过程中的存储及计算得到极大优化。

针对 SparkSQL，在较早版本中，就提供了 DataFrame 的数据结构。DataFrame 相对于类似 RDD[Javaelement_type] 这样的分布式 java 对象组成的 RDD 结构来说，增添了数据的结构信息，即 Schema。可以将 DataFrame 看作是由分布式 Row 对象组成的集合，Row 中为 Spark 执行引擎提供了更多的数据类型等相关信息，使得 SparkSQL 在执行时，能更好地优化执行计划，提升执行效率。

在 Spark 2.0.0 中，将 DataFrame 与 Dataset 的实现进行了合并，DataFrame 已经成为

Dataset[Row] 的类型别名（就是说，DataFrame 是 Dataset 的一个特例）。

Dataset 通过自定义 Encoder 进行对象的序列化、反序列化操作（有别于 RDD 使用 Java serialization 或者 Kryo）。Dataset 的生成方法如下。

```
case class Person(name: String, age: Long)

// 为 case classes 产生 Encoder
val caseClassDS = Seq(Person("Andy", 32)).toDS()
caseClassDS.show()
// +----+---+
// |name|age|
// +----+---+
// |Andy| 32|
// +----+---+

// 通过 importing spark.implicits._ 为绝大部分类型产生 Encoder
val primitiveDS = Seq(1, 2, 3).toDS()
primitiveDS.map(_ + 1).collect() // Returns: Array(2, 3, 4)

// 通过调用 as[Person]，将 DataFrame 转换为 Dataset。在如下方法中
// spark.read.json(path) 返回的其实就是 DataFrame 类型对象
// 这里的 spark 是 SparkSession 对象，在后面提到
val path = "examples/src/main/resources/people.json"
val peopleDS = spark.read.json(path).as[Person]
peopleDS.show()
// +----+-------+
// | age|   name|
// +----+-------+
// |null|Michael|
// |  30|   Andy|
// |  19| Justin|
// +----+-------+
```

DataFrame 和 DataSet 可以相互转化，调用 df.as[ElementType]（上面代码示例中可见）可以将 DataFrame 转化为 DataSet，而调用 ds.toDF() 可以将 Dataset 转化为 DataFrame。

2. 基于 Dataset 及 DataFrame API 编程的主入口

从 Spark 2.0.0 开始，引入 SparkSession 作为 Dataset 及 DataFrame API 编程的入口，代替原来的 SQLContext 和 HiveContext，使得在使用 Spark SQL 时，用户不再需要根据不同的场景创建不同的 Context。

创建 SparkSession 的基本方法如下：

```
import org.apache.spark.sql.SparkSession

val spark = SparkSession
  .builder()
  .appName("Spark SQL Example")
  .config("spark.some.config.option", "some-value")
  .getOrCreate()

import spark.implicits._
```

Spark 2.0.0 中的 SparkSession 提供了对众多 Hive 功能的支持，包括 HiveQL 查询、Hive UDF、从 Hive 表中读取数据。

SparkSession 通过 read.json、SQL 等操作读取数据源或者处理数据之后，以 DataFrame 对象返回结果。更多具体的操作，可以参见 Spark 官方文档。

8.2.3 SQL

Spark 2.0.0 持续提升 SQL 性能，支持 SQL 2003。目前已经可以执行所有的 99 TPC-DS 查询。Spark 2.0.0 对于 SQL 部分的主要改进如下：

1）支持 ANSI-SQL 以及 Hive QL 的内置 SQL 解析器。

2）支持内置 DDL 命令。

3）对子查询的支持，包括：

① 非相关标量子查询（Uncorrelated Scalar Subqueries）

② 相关标量子查询（Correlated Scalar Subqueries）

③ WHERE/HAVING 中的 NOT IN 谓词子查询

④ WHERE/HAVING 中的 IN 子查询

⑤ WHERE/HAVING 中的 (NOT) EXISTS 子查询

4）视图规范化的支持。

在 Spark 2.0.0 中，当编译没有加入 Hive 支持时，Spark SQL 也将支持几乎所有 Hive 支持的功能，除了 Hive 连接、Hive UDF 以及脚本转换。

1. 新功能

❑ 内置的 CSV 数据源支持，该功能基于 Databricks 的 spark-csv 实现。

❑ 为缓存（caching）以及运行时执行提供堆外内存管理。

❑ 支持 Hive 风格的分桶（bucketing）。

- 使用 sketches 进行近似的统计。

2. 性能

- 引入了名为"whole stage code generation"的新技术,将 SQL 以及 Dataframe 中的常见操作性能提升了大约 2～10 倍。
- 通过 vectorization 技术将 Parquet 文件的扫描吞吐率提升了一大截。
- 提升了 ORC 性能。
- 为所有的窗口函数提供内置实现,从而提升窗口操作的性能。
- 为内置数据源提供自动文件合并。

8.3 MLlib

基于 DataFrame 的 API 现在已经成为 MLlib 使用的主接口,过去基于 RDD 的 API 已经进入维护阶段。

8.3.1 新功能

Spark2.0.0 版本的 MLlib 中添加了以下一些新功能。

- ML 持久化:在 Scala、Java、Python 以及 R 中,基于 DataFrame 的 API 提供了对存储、加载 ML 模型和 Pipeline 几乎完全的支持(SPARK-6725, SPARK-11939, SPARK-14311)。
- R 中的 MLlib:SparkR 目前支持更多的 API,包括建立线性模型、朴素贝叶斯、k-均值聚类以及 survival regression。
- Python:PySpark 现在支持更多的机器学习算法,包括 LDA、高斯混合模型、广义线性回归等。
- 基于 DataFrame 的 API 添加的算法:平分 K- 均值聚类(Bisecting K-Means clustering)、高斯混合模型(Gaussian Mixture Model)、MaxAbsScaler 属性转换(MaxAbsScaler feature transformer)。

8.3.2 速度 / 扩展性

DataFrame 中的 Vectors 和 Matrices 使用了更多、更有效的序列化方法,从而降低了调用 MLlib 算法时的开销(SPARK-14850)。

8.4 SparkR

SparkR 中最大的改进来自于用户自定义函数（UDF）：dapply、gapply 以及 lapply。前两个可以用于基于 partition 的 UDF，如 partition 中的模型训练。后一个可以用于超参数调优。

除此之外，还有一些其他的新功能。
- 加大 R 中机器学习算法的覆盖面，包括朴素贝叶斯、k- 均值聚类以及 survival regression
- 广义线性模型支持更多的 families 及 link 函数。
- 更多的 DataFrame 功能：对 JDBC、CSV、SparkSession 的窗口函数、reader、writer 的支持。

8.5 Streaming

Spark 2.0.0 中引入了实验性的结构化 Streaming（Structed Streaming），这是一个构建在 Spark SQL 以及 Catalyst optimizer 之上的高级 streaming API。Structured Streaming 使得用户在基于流式数据源编程时，可以像使用静态数据源一样使用相同的 DataFrame/Dataset API，并使用 Catalyst 优化器自动添加查询计划。

另外，对于 DStream API，最大的改进是对 Kafka 0.10 的支持。

8.5.1 初识结构化 Streaming

Spark 2.0.0 对 Spark Streaming 的处理方式进行的重大改进，是引入了结构化 Streaming（Structed Streaming），将流式处理与静态数据处理的流程统一到 SparkSession+DataFrame（Dataset）的方式上（与上面描述的 Spark SQL 的处理方式无比相似）。

以下是来自官方文档的例子，创建一个监听 localhost:9999 的服务，对输入的单词进行 wordcount 计算。

```
import org.apache.spark.sql.functions._
import org.apache.spark.sql.SparkSession

// 创建 SparkSession 入口
val spark = SparkSession
```

```
  .builder
  .appName("StructuredNetworkWordCount")
  .getOrCreate()

import spark.implicits._

// 调用 SparkSession.readStream 创建 DataFrame, 接收来自 localhost:9999 的消息
val lines = spark.readStream
  .format("socket")
  .option("host", "localhost")
  .option("port", 9999)
  .load()

// 调用 as[String] 转换为 Dataset, 并使用 flatMap 与 split 分割出单词
val words = lines.as[String].flatMap(_.split(" "))

// 定义单词计数逻辑
val wordCounts = words.groupBy("value").count()

// 启动计算逻辑, 并通过调用 writeStream 将结果以 complete 模式输出
// 输出目标为控制台
val query = wordCounts.writeStream
  .outputMode("complete")
  .format("console")
  .start()

query.awaitTermination()
```

8.5.2 结构化 Streaming 编程模型

可以将结构化 Streaming 理解为以流式方式不断读入输入流，并将新读入的数据添加到一个可无限扩展的表结构当中，如图 8-1 所示。

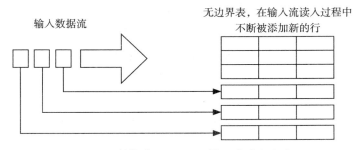

图 8-1 结构化 Streaming 输入流读入方式

由于对流式输入数据进行了结构化抽象，用户可以像操作结构表一样操作输入数据。上节中的 wordcount 操作，甚至可以称之为 Word Count Query。在流式计算当中，每个时间片读入新增数据，添加到输入表中，经过计算之后，再将结果输出到一个结果表中。一旦结果表被更新，更新的结果将会被输出。以 wordcount 案例作为例子的图形描述如图 8-2 所示。

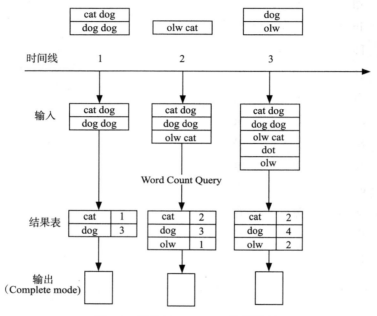

图 8-2　结构化 Streaming 编程模型

8.5.3　结果输出

对于结果表之后的输出，定义了将什么输出到外部存储当中，可以为其定义多种模式：

- Complete Mode：将整个结果表全部输出到外部存储。
- Append Mode：只将结果表中新添的结果输出到外部存储。该模式只适用于结果表已经产生的行不会被更新的情况（以上 word count 不适用该模式）。
- Update Mode：只将结果表中被更新的结果输出到外部存储（这一特性在 Spark 2.0 中还未支持）。

结构化 Streaming 的输出，通过调用 Dataset.writeStream() 产生的 DataStreamWriter 对象进行操作。通过调用 DataStreamWriter 的方法，可以定义：
- 输出目标：数据格式、位置等。
- 输出模式：complete 或者 append 等。
- 操作的名字（为后续引用使用）。
- 计算（小批）触发间隔。
- Checkpoint 位置。

具体内容可以参见官方文档。

在以上定义中，输出目标（output sink）是用户需要较好掌握的。Spark 2.0.0 的结构化 Streaming 内建的 output sink 包括：
- File Sink：输出到文件，Spark 2.0.0 中仅支持以 Parquet 格式、Append 模式输出。
- Foreach Sink：对记录进行用户自定义逻辑计算之后再最终输出。
- Console Sink：结果输出到控制台，如上节的 Word Count 代码示例所示。支持 Complete 以及 Append 模式。
- Memory Sink：结果放入内存，在小数据量 Debug 时使用，支持 Complete 以及 Append 模式。

以下是使用 Memory Sink 的一个简单例子。

```
case class DeviceData(device: String, type: String, signal: Double, time: DateTime)

// 以 schema { device: string, type: string, signal: double, time: string } 载入 df
val df: DataFrame = ...

// 定义 df aggregation
val aggDF = df.groupBy("device").count()

// 将聚合结果放入内存表
aggDF
   .writeStream
   .queryName("aggregates")     // 调用 queryName 为内存表定义名字
   .outputMode("complete")
   .format("memory")
   .start()

// 基于内存表的查询逻辑定义
spark.sql("select * from aggregates").show()
```

8.6 依赖、打包

Spark 2.0.0 的操作和打包流程中的一些修改值得我们留意。

1）在生产环境部署时，Spark 2.0.0 不再需要一个 fat assembly jar。

该修改来自于 SPARK-11157，过去 Spark 被打包成几个巨大的 jar 包：Core、Streaming、SQL 等。此修改之后，Spark 打包出来的将是若干 Spark 自身实现代码打成的 jar 文件，以及在 lib 目录中存放的 Spark 所依赖的第三方 jar 包。如此一来，当用户希望自己更换 lib 中的 jar 包时，会非常方便。

2）去除了对 Akka 的依赖，因此，用户可以自行决定基于任意版本的 Akka 编写程序。

Spark 对 Akka 的依赖曾被不少用户抱怨，因为用户在 Spark 1.x 中无法随意定义自己所需要 Akka 版本。在 Spark 2.0.0 中，Spark 的这一改动无疑解决了这些用户的痛苦。

3）在粗粒度 Mesos 调度模式中支持调度多个 Mesos executor。

这一变化对于单机内存资源丰富（如 >30GB）的用户来说值得注意，修改来自 SPARK-5095。过去，在 Mesos 粗粒度模式下，只能使用一个 Mesos executor 启动单独的 JVM，并在该 JVM 中支持多个 Spark Executor。这样一来，当单台物理机器上实际还有剩余资源时，为了将资源充分利用，就需要在启动时将 JVM 的内存设置到更大的值，如此一来，JVM 大内存的 GC 问题会影响应用的执行。

4）Kryo 版本升级到 3.0。

5）默认的 build 使用 Scala 2.11，不再是原来的 Scala 2.10。请使用与平台兼容的 Scala 版本进行应用编译。

8.7 本章小结

本章介绍了全新发布的 Spark 2.0.0 在 Spark Core、Spark SQL、Streaming、MLlib 模块引入的新功能以及一些使用方法上的变化。对于变化较大的 Spark SQL 中的 SparkSession 以及结构化 Streaming，基于简单代码示例进行了描述，希望能给读者更多的指引和启示。

推荐阅读

大数据学习路线图：数据分析与挖掘

Hadoop大数据分析与挖掘实战

Spark大数据分析实战

Splunk大数据分析

R与Hadoop大数据分析实战

Python数据分析与挖掘实战

大数据挖掘：系统方法与实例分析

MATLAB数据分析与挖掘实战

R语言数据分析与挖掘实战

R数据分析秘笈

推荐阅读

R语言与数据挖掘

作者:张良均 等 ISBN: 978-7-111-54052-6 定价: 59.00元

10余位数据挖掘领域资深专家和科研人员
10余年大数据挖掘咨询与实施经验结晶

  本书适合作为教学和零基础自学R语言与数据挖掘的教程。它从初学者的角度出发,内容由浅入深,循序渐进,从安装到基础函数的使用,对各个操作步骤详细叙述,凡涉及的常用参数均加以说明,每个操作函数均有实际的示例,极大程度降低了初学者使用函数的难度。书中通过理论说明+实践操作的方式,介绍了分类与预测、聚类分析、关联规则、智能推荐和时间序列等分析算法,帮助读者快速掌握应用R语言进行分析挖掘建模的方法。此外,本书提供配套的示例代码及数据文件,读者可通过上机实验,快速掌握书中所介绍的R语言的使用方法。

延伸阅读